华东交通大学教材（专著）基金资助项目

高等学校电气工程及其自动化规划教材

电力系统与轨道交通 ETAP 仿真技术及实践

主　编　左丽霞　韦宝泉

副主编　徐祥征　吴文辉　罗　杰

西南交通大学出版社

·成都·

内容简介

本书内容涵盖了电气工程及其自动化专业"电力系统分析"及"电力系统继电保护"ETAP仿真实验课程的各个方面，主要包括电力系统基础建模、潮流计算、短路分析、继电保护配合、电动机起动分析、暂态稳定分析、谐波分析、接地电网设计、eTraX™铁路牵引模块设计。

本书适用于课程仿真实验、课程设计和本科毕业设计，为学生掌握电力系统设计及继电保护原理提供很好的指导作用。本书可以作为高等院校电气工程及其自动化专业以及相关专业的实验教材，也可作为电力系统工程技术人员的参考书。

图书在版编目（ＣＩＰ）数据

电力系统与轨道交通 ETAP 仿真技术及实践 / 左丽霞，韦宝泉主编. —成都：西南交通大学出版社，2019.2
高等学校电气工程及其自动化规划教材
ISBN 978-7-5643-6761-9

Ⅰ. ①电… Ⅱ. ①左… ②韦… Ⅲ. ①电力系统 – 系统仿真 – 高等学校 – 教材②轨道交通 – 系统仿真 – 高等学校 – 教材 Ⅳ. ①TM7②U2

中国版本图书馆 CIP 数据核字（2019）024634 号

高等学校电气工程及其自动化规划教材 **电力系统与轨道交通 ETAP 仿真技术及实践**	主编	左丽霞 韦宝泉	责任编辑 封面设计	黄淑文 曹天擎

印张：8.25　　字数：205千

成品尺寸：185 mm×260 mm

版次：2019年2月第1版

印次：2019年2月第1次

印刷：四川煤田地质制图印刷厂

书号：ISBN 978-7-5643-6761-9

出版发行：西南交通大学出版社

网址：http://www.xnjdcbs.com

地址：四川省成都市二环路北一段111号
西南交通大学创新大厦21楼

邮政编码：610031

发行部电话：028-87600564　028-87600533

定价：25.00元

课件咨询电话：028-87600533

前　言

本教材是基于 ETAP 为电气工程及其自动化专业开设"电力系统分析"及"电力系统继电保护"而编写的实践教程。

ETAP 是功能全面的综合型电力系统分析计算软件，能为发电、输电、配电、微电网以及工业电力电气系统的规划、设计、分析、模拟和实时运行控制提供一套强大的综合解决方案。目前，ETAP 在中国已经和四十余所重点高校建立了 ETAP Power Lab.，为电气工程专业的广大师生提供了良好的实践创新平台。

ETAP 离线仿真分析功能，主要包括潮流分析、短路计算、电动机加速分析、谐波分析、保护设备配合和动作序列、暂态稳定、弧闪分析、接地网系统、电缆载流量和尺寸、变压器容量估计和分接头优化、可靠性评估、优化潮流、补偿电容器最佳位置、不平衡潮流、风力发电机、光伏太阳能等功能模块。ETAP eTraX™ 铁路牵引电力软件包括精确的、用户友好并灵活的软件工具来分析和管理中、低压铁路，它以先进的地理空间信息为基础，拥有建模、模拟、预测和优化铁路基础设施的功能，能为铁路所有者、经营者和工程顾问提供牵引供电系统设计和综合管理。

全书共分为 10 个章节，主要针对电力系统分析设计中应用比较广泛的潮流、短路、暂态以及继电保护配合进行仿真分析指导，其特点是内容丰富，结构紧凑，语言简练，图文并茂，工程实用性强。学生通过对 ETAP 建模、参数录入、配置设计、系统运行、告警纠正、结果分析和案例分析，可以更加直观、准确和全面地学习电力系统理论知识和实际运用技能。本书适用于课程仿真实验、课程设计和本科毕业设计，为学生掌握电力系统设计及继电保护原理提供很好的指导作用。

本书的编者均来自教学一线，具有丰富的教学经验，同时特别感谢 ETAP 中国公司提供的技术支持。由于编者水平有限，书中难免存在疏漏与不足之处，恳请读者提出宝贵意见。

编　者

2018 年 11 月 5 日

目　录

第一章 电力系统基础建模

在 ETAP 软件中，都是以工程来管理工作的，想要实现潮流分析、短路分析、继电保护配合、电机启动分析、暂态稳定分析、谐波分析等工作，必须以单线图为基础。本章将详细介绍如何建立工程和单线图的基本内容，以及如何录入元件参数。

第一节 建立工程

1. 打开软件

单击桌面上的"中文 ETAP 12.6.0"图标，打开 ETAP 12.6.0 中文版软件，进入如图 1-1 所示的界面。

图 1-1 ETAP 界面

2. 新建工程

点击"文件"菜单，出现如图 1-2 所示的下拉菜单，点击"新建工程"。

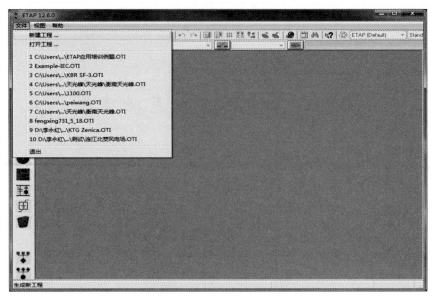

图 1-2　新建工程界面

3．输入文件名

在如图 1-3 所示的界面中，输入本章案例的新建工程文件名"培训例题 1"，选择"米制"，并选择文件保存的路径，这里还可以设置数据库或者工程管理的密码，最后点击"确定"，进入 ETAP 软件的编辑模式。ETAP 软件中单位系统有"英制"和"米制"两种，若选择"英制"，则所建系统频率为 60 Hz，系统中元件符号采用欧美标准；若选择"米制"，系统频率为 50 Hz，元件符号采用中国标准。

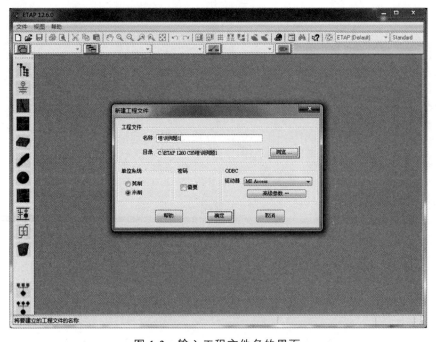

图 1-3　输入工程文件名的界面

4. 打开 ETAP 软件的编辑模式

ETAP 软件的编辑界面如图 1-4 所示，图中自上而下依次为标题栏、菜单栏、工具栏、ETAP 软件模块栏，其中 ETAP 软件模块栏包括"编辑"模块、"潮流分析"模块、"短路分析"模块、"保护设备配合"模块、"暂态稳定性分析"模块、"电机启动分析"模块、"谐波分析"模块等。界面的右侧为电力及电气系统元件栏，包括交流元件、直流元件和仪表及继电器栏；左侧是系统工具栏和项目管理器，其中项目管理器包括"工程视图""单线图""回收站"等。

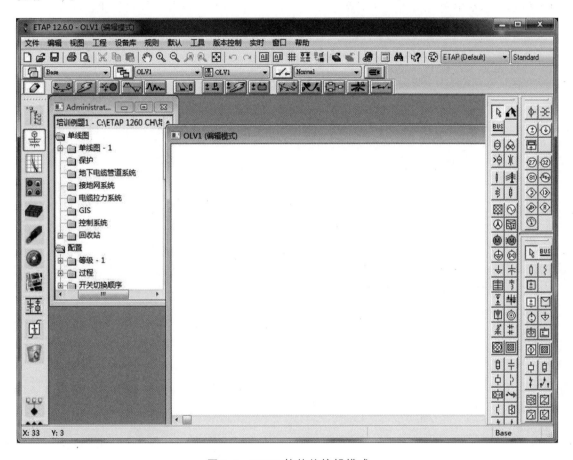

图 1-4 ETAP 软件的编辑模式

第二节　建立单线图

1. 添加系统元件

在编辑界面右侧的元件库中找到需要的元件，单击鼠标左键，拖曳到编辑界面中，如图 1-5 所示是本章案例的元件，有等效电网、变压器、传输线、电缆、等效负荷、母线等。

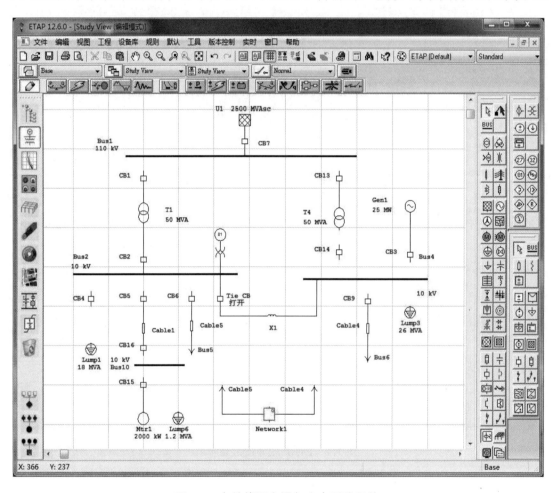

图 1-5　在单线图上添加电力系统元件

2. 元件连线

将鼠标移到元件接线端子上，当端子呈红色时，点击左键并按住左键拖曳到另一个元件的接线端子，呈现红色表示可以连线。将各元件依次连线，建立的单线图如图 1-6 所示。

按住 Ctrl 键滚动鼠标滚轮，可以放大或缩小系统单线图，放大的系统单线图如图 1-7 所示。

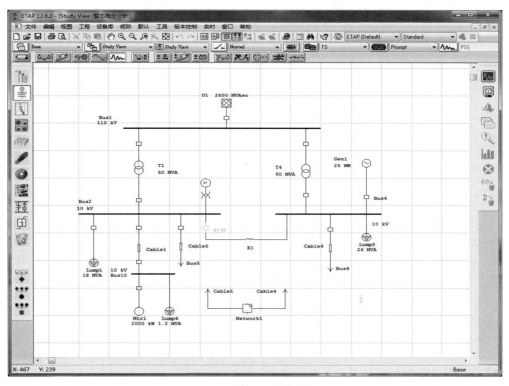

图 1-6　建立的系统单线图

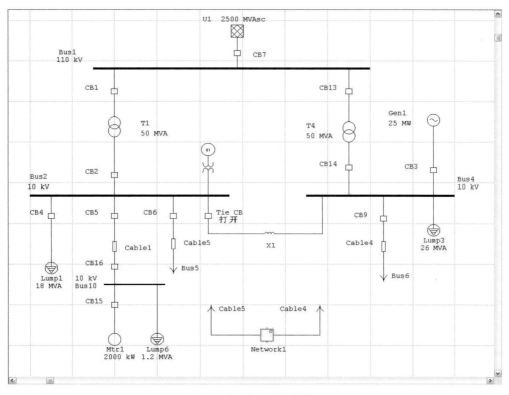

图 1-7　放大的系统单线图

图 1-6 所示系统单线图中的 Network1 为复合网络，双击 Network1 的元件图标，即可进入复合网络的编辑界面。建立好的复合网络 Network1 的单线图如图 1-8 所示。

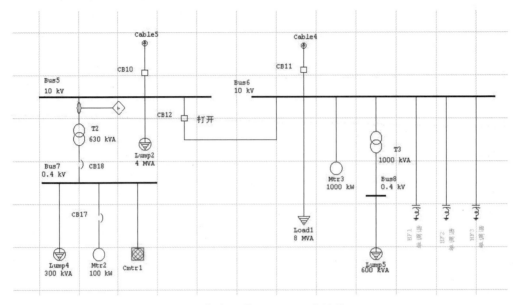

图 1-8　复合网络 Network1 的单线图

第三节　输入元件参数

　　针对不同的分析计算，所需要录入的参数不同，用户只需输入满足特定仿真分析所需要的参数即可。双击单线图的元件图标，打开元件编辑器，即可录入元件的相关参数。同时，ETAP 软件还另外提供了一些快速录入数据的便捷方式，如采用元件数据库，快速录入元件参数；非独立参数可选择不同录入参数，ETAP 可自动转换为系统内部参数。

1. 等效电网参数输入

　　双击元件"等效电网 U1"图标，打开等效电网编辑器，编辑器有多个属性页，每个属性页都有相应的参数需要输入，不同的属性页之间可以相互切换。在等效电网 U1 编辑器的"额定值"属性页，输入额定电压 110 kV；在编辑器的"短路"属性页，输入本章案例中等效电网 U1 的相应参数：输入三相短路容量 2 500 MV·A，单相短路容量 2 000 MV·A，X/R 皆取 30，如图 1-9 所示。

图 1-9　等效电网 U1 编辑器"短路"属性页

2. 变压器参数输入

　　双击"变压器 T1"图标，打开变压器编辑器，分别在"额定值"属性页和"接地"属性页输入本章案例中变压器 T1 的相应参数，如图 1-10 和 1-11 所示。以同样的方式录入变压器 T2、T3 的参数值，具体参数值见表 1-1。

表 1-1　变压器元件参数表

变压器名称	额定电压（kV）	额定容量（MV·A）	分接头 Tap	接地	%Z	X/R
T1	110/10.5	50	0/0	Y0/Δ	10.5	取典型值
T2	10/0.4	0.63	0/0	Δ/Y0	取典型值	取典型值
T3	10/0.4	1	0/0	Δ/Y0	取典型值	取典型值
T4	110/10.5	50	0/0	Y0/Δ	10.5	取典型值

图 1-10　双绕组变压器 T1 编辑器的"额定值"属性页

图 1-11　双绕组变压器 T1 编辑器的"接地"属性页

3. 等效负荷参数输入

双击元件"等效负荷 Lump1"图标，打开等效负荷编辑器，"铭牌"属性页如图 1-12 所示。输入本章案例中等效负荷 Lump1 的相应参数：额定电压 10 kV，额定容量 18 MV·A，功率因数（PF）= 95%。随后 ETAP 自动生成：17.1 MW、5.62 Mvar、1039 A。负荷模型选定：恒容量 kVA = 100%，ETAP 自动生成恒阻抗 = 0%。负荷类型输入：Design = 100%、Normal = 90%。

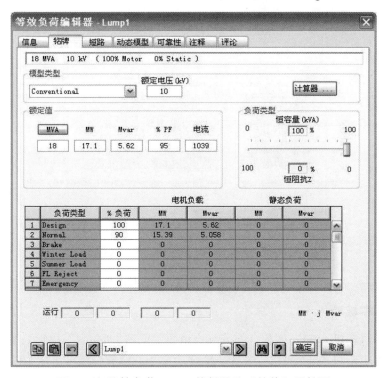

图 1-12 等效负荷 Load1 编辑器的"铭牌"属性页

以同样的方式录入其他等效负荷的参数，具体参数值见表 1-2。

表 1-2 等效负荷元件参数表

等效负荷 名称	额定容量 （MV·A）	%PF	负荷类型	
			Design	Normal
Lump1	18	95	100%	90%
Lump2	4	90	100%	100%
Lump3	26	95	100%	100%
Lump4	0.3	90	100%	100%
Lump5	0.6	90	100%	100%
Lump6	1.2	90	100%	100%

4. 静态负荷参数输入

双击元件"静态负荷 Load1"图标，打开静态负荷编辑器，"负荷"属性页如图 1-13 所示。输入本章案例中静态负荷 Load1 的相应参数：额定电压 10 kV，额定容量 = 8 MV·A；功率因数（PF）= 85%。ETAP 自动生成 6.8 MW、4.214 Mvar、461.9 A 等数据；负荷类型：Design = 100%、Normal = 80%。

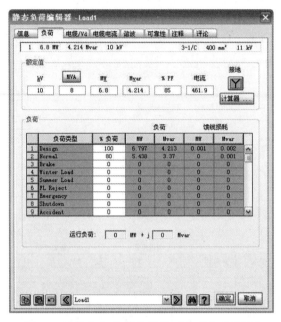

图 1-13　静态负荷编辑器的"负荷"属性页

5．电动机参数输入

双击元件"电动机 Mtr1"图标，打开感应电机编辑器，"铭牌"属性页如图 1-14 所示。输入本章案例中电动机 Mtr1 的相应参数：额定功率 2000 kW、额定电压 10 kV；ETAP 自动生成视在功率，满载电流，100%、75%、50% 负载下的功率因数及效率、滑差、转速。

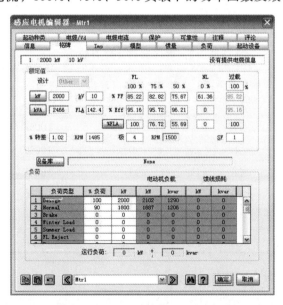

图 1-14　感应电动机 Mtr1 编辑器的"铭牌"属性页

以同样的方式录入其他 5 台电动机的参数，系统所有电动机的主要参数如表 1-3 所示，其中电动机 Mtr4、Mtr5、Mtr6 共同组成复合电机 Cmtr1。

表 1-3　系统所有电动机的主要参数

电动机名称	额定功率（kW）	额定电压（kV）	负荷类型	
			Design	Normal
Mtr1	2000	10	100%	90%
Mtr2	100	0.38	100%	90%
Mtr3	1000	10	100%	90%
Mtr4	50	0.38	100%	90%
Mtr5	75	0.38	100%	90%
Mtr6	25	0.38	100%	90%

6. 发电机参数输入

双击元件"发电机 Gen1"图标，打开感应电机编辑器，在"信息"属性页中，选择控制方式为无功控制（Mvar Control）。在如图 1-15 所示的"铭牌"属性页输入本章案例中发电机 Gen1 的相应参数：额定有功功率 25 MW，额定电压 10.5 kV，功率因数 80%；发电类型 Design，有功功率 = 25 MW，无功功率 = 15.5 Mvar，Q_{max} = 18.75 Mvar，Q_{min} = − 8 Mvar；发电类型 Normal，有功功率 = 20 MW，无功功率 = 12.4 Mvar，Q_{max} = 15 Mvar，Q_{min} = − 6.5 Mvar。

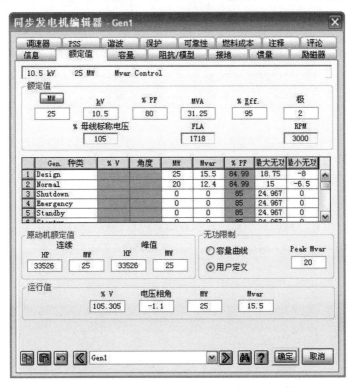

图 1-15　同步发电机编辑器的"额定值"属性页

7. 电缆参数输入

双击元件"电缆 Cable1"图标，打开电缆编辑器，"信息"属性页如图 1-16 所示，输入本章案例中电缆 Cable1 的相应参数：长度 200 m；从 ETAP 数据库中选择 BS6622 XLPE 1/C 电缆，选定标称面积 = 50 mm^2，ETAP 自动生成单位长度的电阻、电抗和电纳的数值。

图 1-16 电缆 Cable1 编辑器的"信息"属性页

电缆 Cable1 的"阻抗"属性页如图 1-17 所示，系统所有电缆的主要参数如表 1-4 所示。

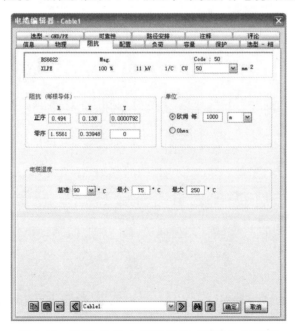

图 1-17 电缆 Cable1 编辑器的"阻抗"属性页

表 1-4　系统所有电缆的主要参数

电缆名称	电缆型号	截面面积（mm²）	长度（m）
Cable1	BS6622 XLPE	50	200
Cable2	BS6622 EPR	400	30
Cable4	BS6622 EPR	400	500
Cable5	BS6622 EPR	400	500

8. 电抗器参数输入

双击元件"电抗器 X1"图标，打开电抗器编辑器，"额定值"属性页如图 1-18 所示。输入本章案例中电抗器 X1 的相应参数：额定电压 10 kV、额定电流 3000A、UR（%）= 10、X/R = 34（取典型值）；阻抗有名值为正序阻抗 0.1924 Ω，零序阻抗 0.1924 Ω。阻抗的计算过程如下：

$$Z = 10\% \times 10 \times 10^3/(1.732 \times 3000) \ \Omega = 0.1924 \ \Omega$$

图 1-18　电抗 X1 编辑器的"额定值"属性页

9. 母线参数输入

双击元件"母线 Bus"图标，打开母线编辑器，母线标称电压取系统标称电压。

10. 断路器参数输入

双击元件"断路器 CB"图标，打开断路器编辑器，断路器额定电压取 ETAP 设备数据库的相关断路器的额定电压。

第二章　电力系统潮流分析

采用 ETAP 软件中的"潮流分析"模块，可以对已建模的系统实现潮流分析功能，同时还能辅助电力系统规划设计工作，如优化系统运行状态、在规划设计中协助用户重新选择设备规格等。

第一节　潮流分析仿真模块

1．切换潮流分析模式

编辑好单线图并录入参数，就能进行潮流仿真分析，本章案例将采用第一章构建的系统单线图。在 ETAP 的编辑界面中，点击"模式"工具栏中的"潮流分析 "按钮，可以切换到潮流案例分析模式，弹出"潮流分析案例"工具栏。此时，窗体右侧的工具栏转换为"潮流分析工具栏"。

2．打开潮流分析案例

在"潮流分析案例"工具栏上，通过"分析案例"下拉菜单选择想要编辑的分析案例名称，如 LF，切换到分析案例 LF（这里也可以新建一个潮流分析案例）。

3．设置"潮流分析案例"编辑器

在"潮流分析案例"工具栏上，点击"编辑分析案例 "按钮，打开"潮流分析案例"编辑器。该编辑器中有 4 个属性页，具体设置如下：

1）"信息"属性页

"信息"页可以对潮流计算方法、最大迭代次数、精度等进行设置，如图 2-1 所示。在"更新"复选框中，选定"初始母线电压"，表示用潮流计算结果更新母线电压初始值；选定"运行负荷&电压"，表示选择更新交流潮流分析中的运行负荷和电压；选定"电缆负荷电流"，表示选择更新交流潮流分析中的电缆负荷电流；选定"逆变器运行负荷"，表示根据潮流计算结果更新逆变器的运行值；选定"变压器 LTCs"复选框，表示在潮流计算过程中考虑更新变压器有载调节分接头（LTC）的位置；选定"方法 – 应用变压器相移"复选框，表示潮流计算结果中母线电压的相角是考虑了变压器相移的。本章案例的具体设置情况如图 2-1 所示。

图 2-1 潮流分析案例编辑器的"信息"属性页

2)"负荷"属性页

点击"潮流分析案例"编辑器上的"负荷"按钮，进入负荷属性页，如图 2-2 所示，可以对发电种类和负荷种类进行设置。ETAP 软件有 10 个发电类型可以选择，它们分别通过发电机额定功率的百分数来指定发电机送出的功率。

图 2-2 潮流分析案例编辑器的"负荷"属性页－发电类型

10 个发电类型的名称分别为 Design、Normal、Shutdown、Emergency、Standby、Startup、Accident、Summer Load、Winter Load、Gen Cat 10，也可以在如图 2-3 所示的编辑器中修改 ETAP 给出的名称。

图 2-3　发电类型名称编辑器

ETAP 软件也有 10 个负荷类型可以选择，它们分别通过负荷额定容量的百分数来指定负荷消耗的有功功率和无功功率，如图 2-4 所示。

图 2-4　潮流分析案例编辑器的"负荷"属性页－负荷类型

10 个负荷类型的名称分别为 Design、Normal、Brake、Winter Load、Summer Load、FL Reject、Emergency、Shutdown、Accident、Backup，也可以在如图 2-5 所示的编辑器中修改 ETAP 给出的名称。ETAP 软件的负荷包括感应电动机、同步电动机、等效负荷、静态负荷等。

图 2-5 负荷类型名称编辑器

ETAP 软件中负荷调整系数有 4 种选择：选择"无"，负荷取值 = 负荷额定容量 × 负荷类型（即额定容量的百分数）；选择"母线最小"，负荷取值 = 负荷额定容量 × 负荷类型 × 母线的负荷调整系数的最小百分数；选择"母线最大"，负荷取值 = 负荷额定容量 × 负荷类型 × 母线的负荷调整系数的最大百分数；选择"全部"，负荷取值 = 负荷额定容量 × 负荷类型 × 指定的各类负荷的百分数。例如在图 2-6 中，选择"全部"，即设置取全部恒容量负荷的 125%。

图 2-6 潮流分析案例编辑器的"负荷"属性页 – 负荷调整系数

在母线编辑器的"信息"属性页，可以指定母线的负荷调整系数(%)，默认最小值 = 80%，默认最大值 = 125%，如图 2-7 所示。

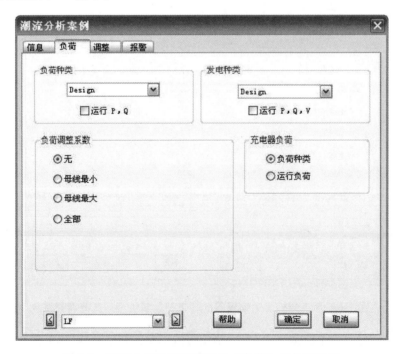

图 2-7　母线 Bus4 编辑器的"信息"属性页 – 负荷调整系数

　　在本章案例中，将负荷类型、发电类型均设置为"Design"，负荷调整系数选择"无"复选框，具体设置如图 2-8 所示。

图 2-8　潮流分析案例编辑器的"负荷"属性页设置

3）调整属性页

在本章案例中，取默认设置值。

4）报警属性页

潮流分析案例的"报警"属性页如图 2-9 所示，设置临界和边界报警的范围，临界呈红色，边界呈粉红色。在本章案例中，取默认设置值。

图 2-9　潮流分析案例编辑器的"报警"属性页

4. 运行潮流计算

编辑好潮流分析案例后，点击潮流右侧工具栏中的"运行潮流计算 "按钮，ETAP 软件则运行潮流分析案例 LF，正常时潮流计算结果会在系统建模图上直接显示。点击右侧工具栏的显示选项按钮，可以弹出"显示选项"属性页，选择需要显示的内容以及显示内容的方式。点击右侧工具栏的"报警视图"按钮，则弹出报警窗口。

在本章案例中，选取输出报告名称 LF_Report，潮流分析的报警窗口如图 2-10 所示，出现报警提示：母线 Bus10、Bus2、Bus5、Bus6 的电压超过 102% 标称电压；Bus4、Bus8 的电压超过 105% 标称电压；电缆 Cable1 电流超过额定电流，达到 108.6%；发电机运行功率等于额定功率，即达到 100%；变压器 T2 的负荷已经超过 95% 额定容量。

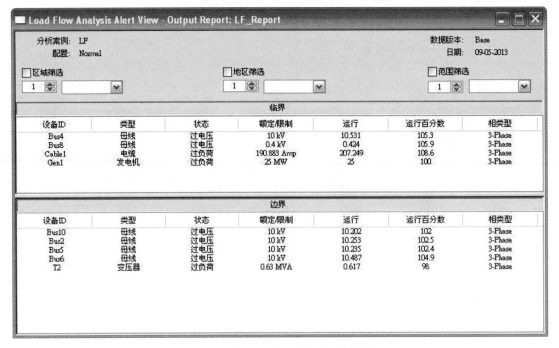

图 2-10　潮流分析模块的报警窗口

第二节　潮流分析中变压器 LTC 的应用

1. 投入双绕组变压器高压侧的 LTC

双击"变压器 T1"图标，打开变压器编辑器，选择"分接头"属性页，如图 2-11 所示，在本章案例中，选定一次侧 LTC 的 AVR，"√"表示选定，投入了双绕组变压器 T1 高压侧的 LTC。

单击"LTC"按钮，出现"负荷分接头调节器"编辑器，在计算过程中自动调节分接头，使得母线 Bus2 的电压达到 100% 母线标称电压，如图 2-12 所示。在本章案例中，对于双绕组变压器 T4，也投入负荷分接头调节器（LTC）。

图 2-11　双绕组变压器 T1 编辑器的"分接头"
属性页 - LTC/电压调节器

图 2-12　双绕组变压器 T2 编辑器 - "分接头"
属性页 - "带载分接头调节器（LTC）"

2. 重新运行潮流分析案例

点击潮流右侧工具栏中的"运行潮流计算 $_{LF}^{▶}$"按钮，重新运行潮流分析案例 LF，潮流分析的报警窗口如图 2-13 所示，母线电压超过临界和边界的报警消除，但是电缆 Cable1 过负荷状况仍然存在，发动机 Gen1 发电功率达到 100% 额定功率，变压器 T2 的负荷已经超过 95% 额定容量。

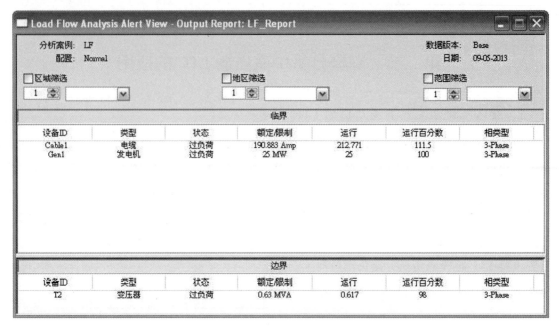

图 2-13 投入 LTC 之后的潮流分析的报警窗口

第三节 变压器容量估计

1. 重新选择变压器容量

图 2-13 所示的潮流分析的报警窗口，显示变压器 T2 容量不够，需要重新选择变压器容量。双击"变压器 T2"图标，打开变压器编辑器，选择"容量"属性页，如图 2-14 所示。在本章案例中，指定负荷增长因子为 110%，海拔高度为 500 m，环境温度为 30 ℃；单击"连接"按钮，选择"较大规格"的数值。单击"确定"按钮，这样就重新选择了 800 kV·A 的变压器。

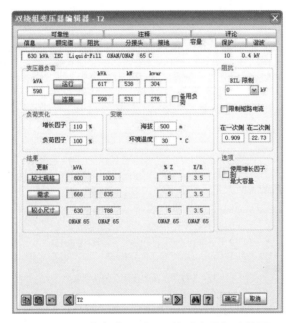

图 2-14 双绕组变压器 T2 的"容量"属性页

2. 重新运行潮流分析案例

点击潮流右侧工具栏中的"运行潮流计算 ![icon]"按钮，再次重新运行潮流分析案例 LF，潮流分析的报警窗口如图 2-15 所示。

图 2-15 在投入 LTC 和重选变压器容量之后，潮流分析报警窗口

第四节　电缆尺寸选择

以电缆 Cable1 为例，双击"电缆 Cable1"的图标，打开电缆编辑器，选择"容量"属性页，如图 2-16 所示。本章案例中电缆 Cable1 参数如下：50 mm^2、铜质、11 kV、BS6622、XLPE、3/C（三芯）；数据版本 Base，安装类型"架空电缆桥架"，应用于"Medium Voltage Motors（中压电动机）"；运行温度 Ta = 35 ℃，Tc = 90 ℃；桥架 NEC，顶部覆盖；载流量基准值是 222.3A，整定值（校正值）是 194.3 A。图 2-15 所示的潮流分析的报警窗口显示：电缆 Cable1 过载，电缆载流量的校正值是 194.3 A，电缆运行电流值是 212.768 A，需要重新选择电缆尺寸。

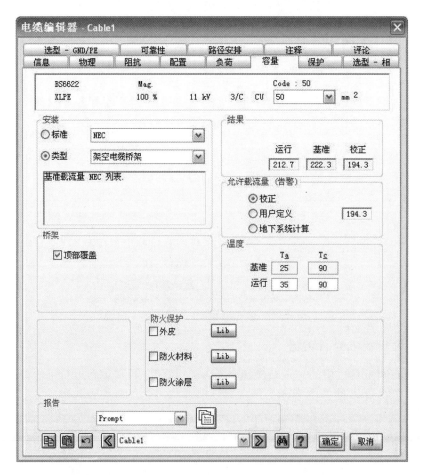

图 2-16　电缆 Cable1 编辑器的"载流量"属性页

1. 重新选择电缆尺寸

打开电缆编辑器，选择"负荷"属性页，在"用于容量估计的负荷电流"框中，选中"用户自定义"复选框，指定电缆负载电流为 220 A；然后在"选型-相"属性页的"结果"框中，点击"选择"按钮，选定 95 mm^2 电缆，如图 2-17 所示，点击"确定"按钮。本章案例计算电缆尺寸的结果如表 2-1 所示。

表 2-1 计算电缆尺寸的结果

电缆负载	数值	导体数/相	电缆尺寸	载流量	电压降
	优化值	1	95	249	0.29
以用户自定义电流为准	最小值	1	70	219	0.4
	要求值			220	小于 2.00

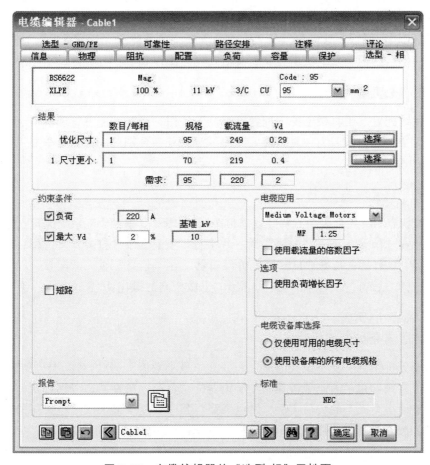

图 2-17 电缆编辑器的"选型-相"属性页

2. 重新运行潮流分析案例

点击潮流右侧工具栏中的"运行潮流计算⋮⋮"按钮，再次重新运行潮流分析案例 LF，电缆 Cable1 过载报警消除。

第五节　不同负荷类型与发电类型用于潮流计算

利用发电类型、负荷类型、负荷调整系数、数据版本以及电力系统配置状态，可以方便地实现不同系统运行状态下的潮流分析工作，简化数据录入工作。其中，利用发电类型、负荷类型、负荷调整系数，可以为不同系统运行状态指定负荷值和发电出力；利用电力系统配置状态，指定开关设备的状态，从而确定不同系统运行状态下的网络拓扑；而版本管理功能，可更大程度的实现为不同系统状态下指定元件参数。

在本章案例中，ETAP 软件可以录入更少的数据，就能确定"夏季最大""夏季最小"等运行方式下的网络结构、发电机出力和负荷值。具体操作如下：

1. 打开"配置管理器"

点击"系统配置"工具栏上的"配置管理器"按钮，打开"配置管理器"，点击"新建"按钮，新建两个配置，取名为"夏季最大""夏季最小"，分别对应于"夏季最大"与"夏季最小"运行方式。

2. 设置"配置状态"

在"配置状态"下拉列表中选择"夏季最小"，编辑"夏季最小"系统配置：打开"CB6"元件编辑器，在"信息"页—"配置"栏—"状态"项上选中"打开"复选框；以同样的方式关闭断路器"CB12"；打开"Mtr5"元件编辑器，在"信息"页—"配置"栏—"状态"下拉列表中选择"后备"复选框；同样，Mtr6 也做相同的操作。"夏季最大"系统配置不作更改。

3. 新建潮流分析案例

新建潮流分析案例"夏季最大潮流"和"夏季最小潮流"，分别对应于"夏季最大""夏季最小"运行方式。在"潮流分析案例"编辑器的"负荷"属性页，分别设定"夏季最大潮流"和"夏季最小潮流"的负荷类型、发电类型。其中，夏季最大潮流：负荷分类 Design、发电分类 Design；夏季最小潮流：负荷分类 Normal、发电分类 Normal。

4. 对"夏季最大"运行方式进行潮流分析

在"系统配置"下拉列表中，选择"夏季最大"系统配置状态；在"潮流分析案例"下拉列表中，选择"夏季最大潮流"；在"输出报告"下拉列表中，选择"夏季最大潮流报告"；单击"潮流分析"工具栏中的"启动潮流计算"按钮。

5. 输出水晶报告

ETAP 软件输出报告的默认格式是水晶报告格式，潮流分析输出水晶报告如图 2-18 所示。ETAP 软件输出报告可以很方便地转换成 PDF 格式，如图 2-19 所示。

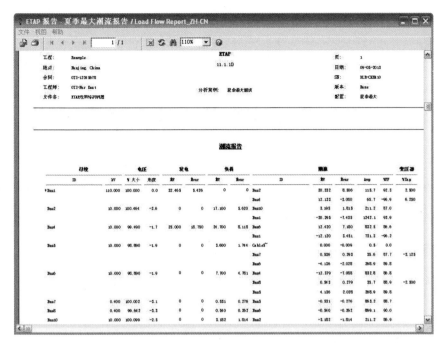

图 2-18 潮流分析输出报告默认格式——水晶报告格式

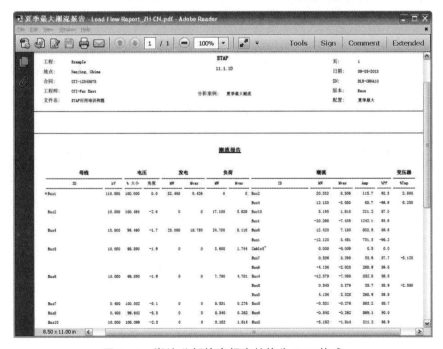

图 2-19 潮流分析输出报告转换为 PDF 格式

6. 对"夏季最小"运行方式进行潮流分析

同样，在"系统配置"下拉列表中，选择"夏季最小"系统配置状态；在"潮流分析案例"下拉列表中，选择"夏季最小潮流"；在"输出报告"下拉列表中，选择"夏季最小潮流报告"；单击"潮流分析"工具栏中的"启动潮流计算"按钮。

第三章 电力系统短路分析

采用 ETAP 软件中的"短路分析"模块，可以对已建模的系统进行短路仿真分析。本章案例将采用第一章构建的系统单线图，在 ETAP 的编辑界面中，点击"模式"工具栏中的"短路分析⚡"按钮，可以切换到短路案例分析模式，弹出"短路分析案例"工具栏。此时，窗体右侧的工具栏转换为"短路分析工具栏"。

第一节 短路分析仿真模块

1. 增添短路分析需要的数据

由于发电机 Gen1 的直轴次暂态电抗 Xd″和直轴电抗 Xd 为零，不能做短路计算。双击 Gen1 图标，打开 Gen1 编辑器"阻抗/模型"属性页，同步发电机编辑器的"阻抗/模型"属性页如图 3-1 所示。选中"动态模型"框中"次暂态"复选框，再点击"典型数据"按钮，赋值于这两个参数，即可做短路计算了。

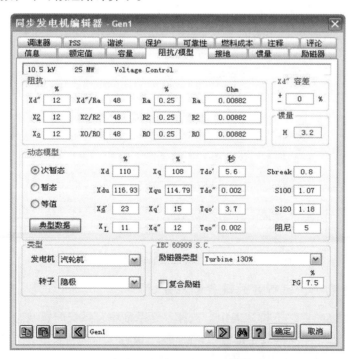

图 3-1 同步发电机编辑器的阻抗/模型属性页

2. 设定故障位置

在本章算例中，设定故障位置为 Bus4：单击母线 Bus4，选定母线 Bus4；单击鼠标右键，弹出快捷菜单，选择"故障"。

3. 设置短路分析参数

在"短路分析案例"工具栏中，点击"编辑分析案例"按钮，打开"短路分析案例"编辑器，在此可以更改短路分析的参数与设置，本章案例对默认的参数不作更改。

4. 三相短路计算

单击右侧分析工具栏的"启动三相短路电流计算（IEC60909）"，执行三相短路分析。点击分析工具栏的"显示选项按钮"，打开"显示选项—短路编辑器"，在"结果"页—"三相故障"框中，选择显示"对称初始值"或者"峰值"。

5. 不同的数据版本用于设置系统短路计算的最大与最小运行方式

1）最大运行方式

数据版本取名"最大运行方式"。等效电网 U1：三相短路容量 2500 MV·A，X/R = 30；单相短路容量 2000 MV·A，X/R = 30。

2）最小运行方式

数据版本取名"最小运行方式"。等效电网 U1：三相短路容量 2000 MV·A，X/R = 30；单相短路容量 1600 MV·A，X/R = 30。

第二节 断路器的选择和电缆热稳定校验

1. 断路器的选择

1）打开断路器的编辑器

打开断路器 CB3 的编辑器，选择"库"中的 Siemens 12-3AF-63；在开断电流下拉列表中，将交流开断电流指定为 50 kA，具体如图 3-2 所示。

图 3-2 高压断路器 CB3 编辑器的额定值属性页

2）运行三相短路计算

仍设定 Bus4 三相短路，运行三相短路计算（Duty）后出现断路器报警窗口。单击右侧"短路"工具栏中的"报警视窗"按钮，打开"短路分析报警视窗"，可以看到详细的报警信息如图 3-3 所示。

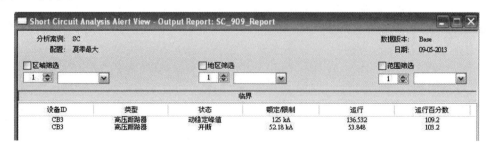

图 3-3 母线 Bus4 故障，三相短路分析报警信息

3）重新选择断路器参数

在单线图上双击 CB3，打开"高压断路器编辑器"，重新选择断路器 CB3 的参数。将开断电流设为 63 kA，额定动稳定电流设为 160 kA，如图 3-4 所示。

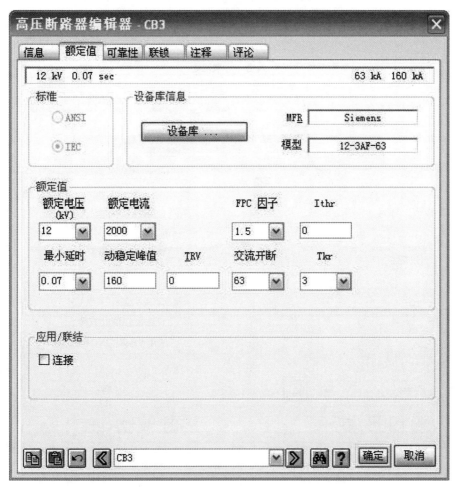

图 3-4 重新选择参数后的高压断路器 CB3 编辑器

4）重新执行三相短路分析

再点击右侧"短路"工具栏中的"启动三相短路电流计算（IEC909）"按钮，重新执行三相短路分析，运行后则报警消失。

2. 电缆热稳定校验

（1）在电缆编辑器—"选型-相"属性页—"约束条件"对话框中选定"短路"。

（2）在电缆编辑器—"保护"属性页—"短路"对话框填写：最大短路电流 27.24 kA，时间 0.6 秒。

（3）短路前电缆的工作温度 Tc = 90 ℃，可以在电缆编辑器的"容量"属性页修改此值。

（4）ETAP 软件自动给出：电缆优化尺寸 = 150mm^2，最小尺寸 = 120 mm^2，选定优化尺寸，如图 3-5 所示。

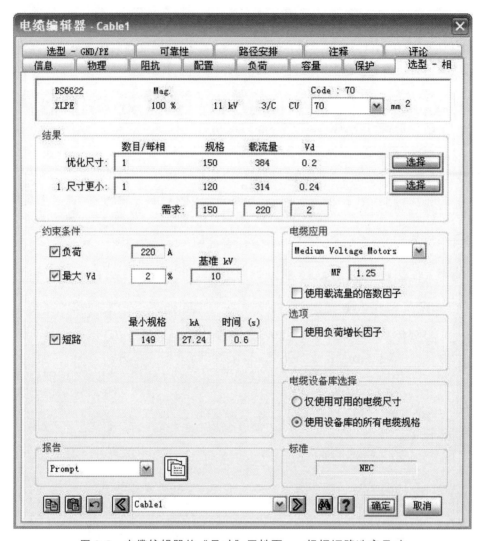

图 3-5　电缆编辑器的"尺寸"属性页——根据短路选定尺寸

第三节　不对称故障分析

1．设置母线故障

采用第一节相同的方法，设置母线 Bus10 故障。

2．进行不对称短路计算

点击短路分析工具条的"IEC909"按钮，进行不对称短路计算。

3．显示选项编辑器

如图 3-6 所示，点击"显示选项"按钮，可以在单线图上显示不同类型短路（L-G、L-L、L-L-G）的序分量、相分量以及 A 相电压和零序电流。

4．点击"报告管理器"按钮

打开"IEC Unbalanced SC　报告管理器"，如图 3-7 所示。

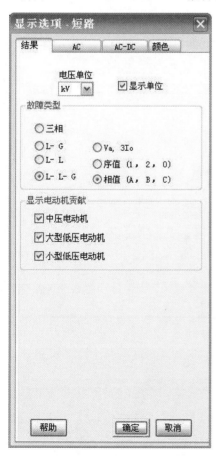

图 3-6　短路分析模块的显示选项

图 3-7　IEC 不平衡短路报告管理器

从报告中可以看出：① 母线 Bus10 总的三相短路电流 = 30.1 kA，来自母线 Bus2、Mtr1 和 Lump6 三个方向的短路电流分别是 28.66 kA、0.980 kA 和 0.495 kA；② 对应 4 种不同的短路类型，一组短路电流值如表 3-1 所示。

表 3-1　母线 Bus10 不对称短路电流

电流名称	三相短路	单相接地	两相短路	两相短路接地
初始对称电流（kA，rms）	30.127	0	26.080	26.080
峰值电流（kA）	67.229	0	58.198	58.198
开断电流（kA，rms，symm）	—	0	26.080	26.080
稳态电流（kA，rms）	21.270	0	26.080	26.080

短路分析报告根据 IEC60909 标准给出全面的信息，其中短路结果报告如图 3-8 所示。

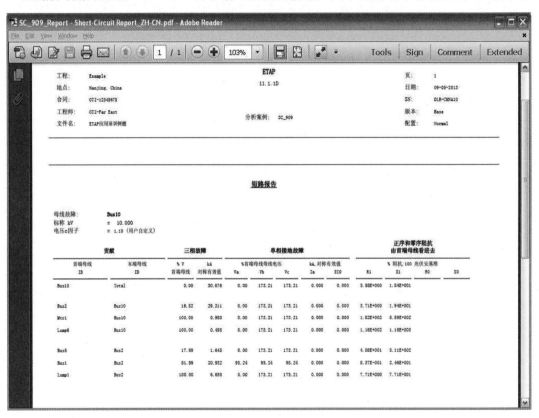

图 3-8　短路分析 – 结果报告

第四节　暂态短路电流计算（IEC61363）

除了与开关设备选型有关的开断电流（容量）等计算之外，ETAP 也根据 IEC 标准 63163-1 提供了暂态短路电流计算。暂态短路电流计算用时间函数的形式表示了故障电流的波形，其中考虑到一系列故障后不同时间内影响短路电流的因素。这些因素包括同步电机次暂态阻抗、暂态阻抗、阻抗、次暂态时间常数、暂态时间常数和直流时间常数，也包括感应电动机反馈电流的衰减。这种详细的计算模型，为孤立电力系统——例如船舶和海上采油平台——的保护设备选型和继电器配合，提供了精确的短路电流估算。该计算方法也可用于带一个或多个电压源的辐射型系统和环形系统。

ETAP 的计算结果是短路电流是以 0.001 为步长直到 0.1 秒的时间的函数。也显示了短路电流的 1 周波的函数，以 0.1 周波为步长。除瞬时电流值外，ETAP 还计算交流分量、直流分量和电流波形的顶部包络线。点击"总结报告"属性页，输出的总结报告给出每条母线的初始、暂态和稳态的故障电流。下面以母线 Bus2 故障为例，具体操作步骤如下。

1. 设置发电机参数

在进行此项计算之前，必须给发电机 Gen1 的次暂态直轴开路时间常数 Tdo" 和暂态直轴开路时间常数 Tdo' 赋值。打开发电机编辑器，点击"阻抗/模型"属性页，同步发电机的"阻抗/模型"属性页如图 3-9 所示。点击"动态模型"的"次暂态"复选框，再点击"典型数据"按钮，点击"确定"按钮。在 ETAP 软件建立了同步发电机的次暂态与暂态计算模型之后，就可以做基于 IEC61363 标准的暂态短路电流计算。

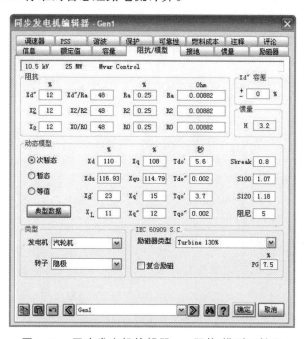

图 3-9　同步发电机编辑器——阻抗/模型属性页

2．设置故障母线

设置母线 Bus2 为故障母线，点击分析工具栏的"暂态短路电流计算 IEC363"按钮，完成暂态短路电流计算。

3．进行暂态短路电流计算

单击分析工具栏的"IEC363 短路计算画图"按钮，打开 IEC363 画图选择对话框，如图 3-10 所示。

图 3-10　IEC363 画图选择对话框

在此可选择需要输出的曲线，它们包括：① 瞬时电流 i；② 交流电流有效值；③ 直流电流（有名值）；④ 直流电流（百分数）；⑤ 包络线。

例如，母线 Bus2 发生三相短路，总的故障电流瞬时值 i 的曲线如图 3-11 所示。

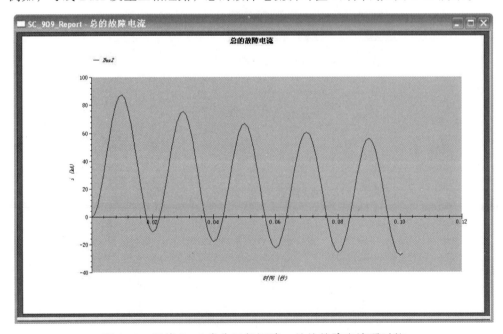

图 3-11　母线 Bus2 发生三相短路，总的故障电流瞬时值

第四章　继电保护配合

采用 ETAP 软件中的"继电保护配合"模块，可以对已建模的系统进行保护配合分析。本章案例的数据版本是 Base，系统配置是 Normal，单线图名称是 Relay Study。在 ETAP 的编辑界面中，点击"模式"工具栏中的"继电保护配合 ⌐"按钮，可以切换到继电保护配合案例分析模式，弹出"继电保护配合案例"工具栏。此时，窗体右侧的工具栏转换为"继电保护配合工具栏"。

第一节　添加保护配合需要的数据

继电器选型、保护配置及 CT 变比见表 4-1，低压断路器及其脱扣器选型见表 4-2。

表 4-1　继电器选型、保护配置及 CT 变比

继电器名称	继电器型号	开关设备名称	保护配置	CT 变比
Relay1	Siemens-7SJ55	T1 高压侧断路器	相线（瞬时、过流）	400:1
Relay2	Siemens-7SJ62	T1 低压侧断路器	相线（瞬时、过流） 接地（瞬时、过流）	4000:1
Relay3	Siemens-7SJ62	Cable1 电源侧断路器	相线（瞬时、过流）	300:1
Relay4	Siemens-7SJ62	分段断路器	相线（瞬时、过流）	4000:1
Relay5	Siemens-7UT613	Gen1 断路器	相线（瞬时、过流） 接地（瞬时，过流） 负序（瞬时、过流）	2000:1
Relay6	Siemens-7SJ602	Mtr1 断路器	相线（瞬时、过流） 负序（瞬时、过流） 过负荷保护	200:1
Relay7	Siemens-7SJ55	T2 高压侧断路器	相线（瞬时、过流）	50:1

表 4-2　低压断路器及其脱扣器选型

低压断路器名称	脱扣器型号	保护配置
CB17	Siemens 热磁 3VF3-100A（Adj.）	热脱扣、电磁脱扣

　　应用 ETAP 软件的保护设备配合模块，根据时间和电流配合的原则，图形化调整保护曲线使之满足保护配合要求。电气工程师在继电保护配合方面的经验和学识，将被充分、高效地发挥出来。电动机 Mtr1 回路，继电器 Relay2、Relay4 和 Relay3 之间的配合，发动机 Gen1和电动机 Mtr2 回路的保护配合时间电流曲线（TCC）分别如图 4-1、4-2、4-3 和 4-4 所示，保护定值也标注在图上。

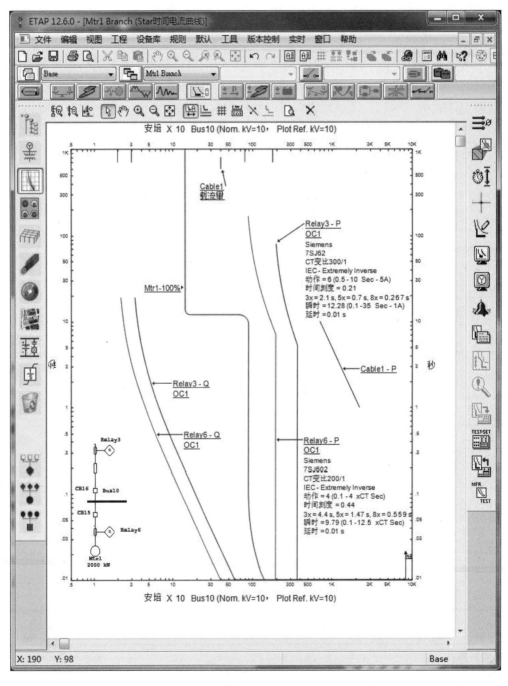

图 4-1　电动机 Mtr1 及其回路保护配合的时间电流曲线（TCC）

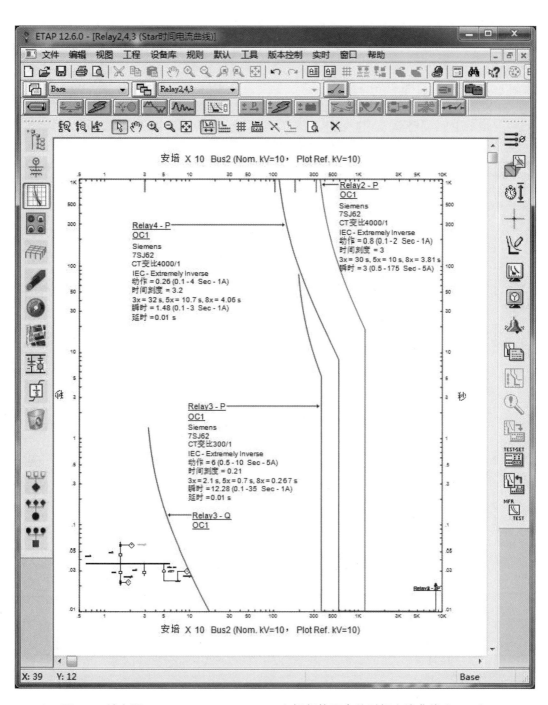

图 4-2　继电器 Relay2、Relay4、Relay3 之间保护配合的时间电流曲线（TCC）

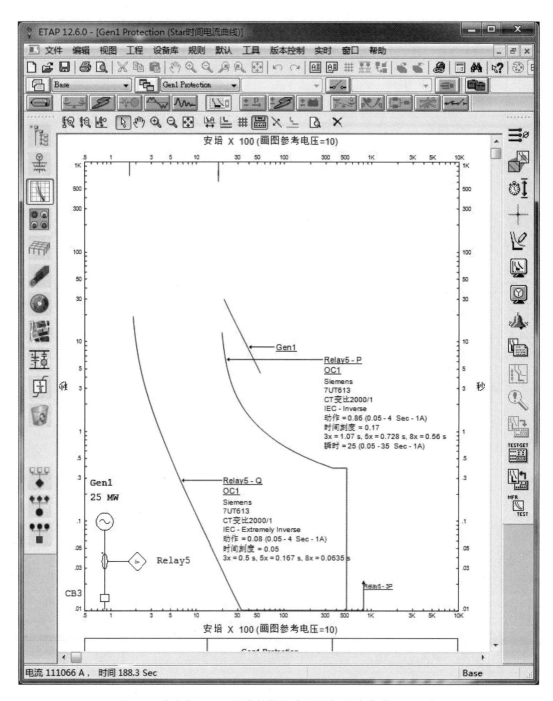

图 4-3　发电机 Gen1 回路保护配合的时间电流曲线（TCC）

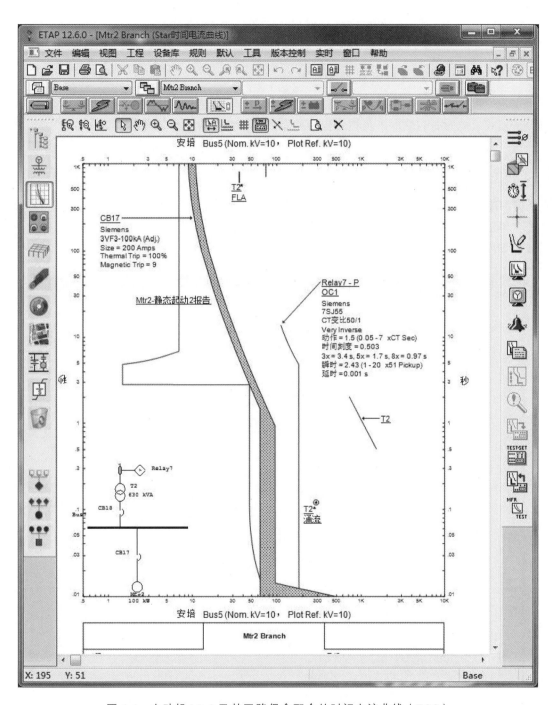

图 4-4　电动机 Mtr2 及其回路保会配合的时间电流曲线（TCC）

第二节 保护配合案例分析

1. 点击"保护设备继电器配合"按钮

点击"模式工具栏"中的"保护设备继电器配合"按钮，切换到保护设备继电器配合案例分析模式。此时，右侧的工具栏转换为"保护设备继电器配合工具栏"。

2. 假设 Bus2 三相短路

单击"案例分析工具栏"中的"编辑分析案例按钮"，打开"保护配合分析案例"编辑器，在"保护配合分析案例"编辑器－"动作序列"属性页－"故障类型"项中选中"三相短路"，点击"确定"；单击右侧工具栏中的 ⚡ 按钮，鼠标指针变为 ⚡，移动鼠标指针到母线 2 上，当变成如图 4-5 所示的情况时单击鼠标即可。

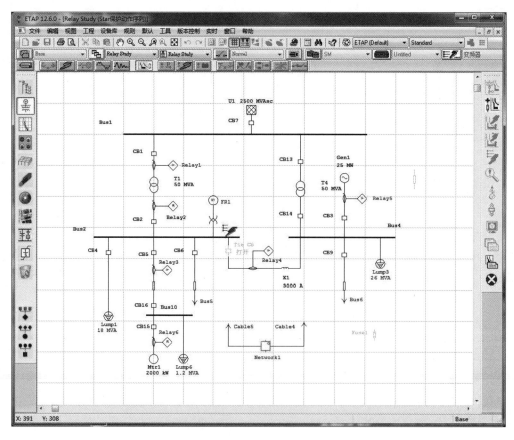

图 4-5 继电保护配合分析中的短路操作示意图

3. 进行短路分析

ETAP 软件自动运行短路分析程序并模拟继电保护设备的动作，显示结果如图 4-6 所示。

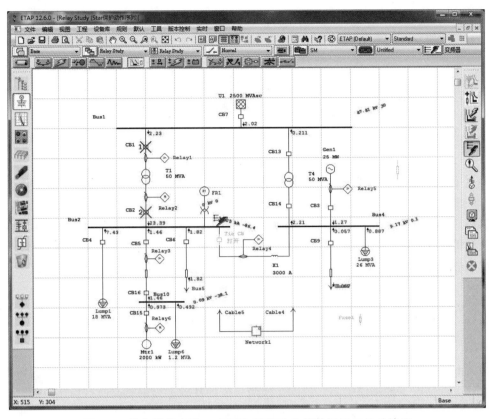

图 4-6 带有故障电流、电压和保护动作等数据显示的单线图

4. 查看继电器动作顺序表

此时打开动作序列（Sequence of Operation）报告就可以查看继电器动作顺序表，如图 4-7 所示，可见继电器动作顺序是符合继电保护选择性要求的。

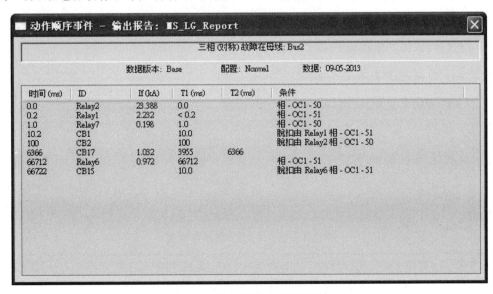

图 4-7 继电器动作顺序报告

第五章　电动机起动分析

采用 ETAP 软件中的"电动机起动分析"模块,可以对已建模的系统进行电动机起动分析。本章案例的数据版本是 Base,系统配置是 Normal,单线图名称是 Study View。在 ETAP 的编辑界面中,点击"模式"工具栏中的"电动机起动分析 ☞●"按钮,可以切换到电动机起动案例分析模式,弹出"电动机起动分析案例"工具栏。此时,窗体右侧的工具栏转换为"电动机起动分析工具栏"。

第一节　静态电机起动分析

静态电动机起动方法,假定电动机总是可以起动的。在"电动机编辑器"中设定电动机在空载和满载情况下的加速时间,程序在这两个值的基础上根据负荷改写加速时间。在加速过程中,用堵转转子阻抗表示电动机,它可以从系统中获得最大电流,对系统中其他运行负荷的影响也最大。一旦加速过程结束,电机就是一个恒定功率负荷。ETAP 根据在电动机编辑器中设定的起动负荷和最终负荷来模拟负荷的斜坡增长过程。更多信息参见电动机编辑器中的 电动机起动类型属性页。

1．点击"电动机加速分析"按钮

点击"模式工具栏"中的"电动机加速分析"按钮,切换到电动机起动案例分析模式,右侧的工具栏转换为"电动机起动工具栏"。

2．新建电动机起动分析案例

点击分析案例工具栏的"新的分析案例"按钮,新建电动机起动分析案例,名称为"静态起动 1"。

3．编辑电动机起动事件

点击"分析案例"工具栏中的"编辑分析案例"按钮,打开"电动机起动分析案例"编辑器,在"事件"页中设置事件,起动事件设置如表 5-1 所示,具体操作步骤如下。

表 5-1　静态起动 1 的事件设置

事件名称	时间(s)	动作	起动负荷	起动类型	额定功率	额定电压
事件 1	1.0	Start	Mtr1	Normal	2 000 kW	10 kV

（1）单击"事件"框中的"添加"按钮，打开"事件"编辑器，输入事件名称，如"事件1"，并设定事件开始的时间1.0 s，如图5-1所示。

图5-1 电动机起动分析的事件编辑器

（2）单击"按设备动作"框中的"添加"按钮，打开"通过设备编辑动作"对话窗，按图5-2所示设置各项，并单击"确定"。

图5-2 电动机起动分析——"通过设备添加动作"对话框

4. 添加设备参数

（1）进入感应电机Mtr1编辑器的"负荷"属性页，设置加速时间：空载 = 2 s，满载 = 12 s，如图5-3所示。

图5-3 感应电动机Mtr1编辑器——"负载模型"属性页

（2）进入感应电机 Mtr1 编辑器的"起动种类"属性页，选定起动类型 = Normal，起动负荷% = 20，最终负荷% = 100，负荷开始改变时间 = 2 s，负荷结束改变时间 = 6 s，如图 5-4所示。

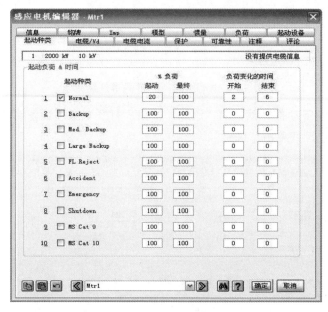

图 5-4　感应电动机 Mtr1 编辑器的负荷类型页

5．进行电动机静态起动分析

点击分析工具栏的"起动静态电机分析"按钮，完成电动机静态起动分析。

6．进行"电动机起动画图选择"

点击分析工具栏的"电动机起动画图"按钮，"电动机起动画图选择"对话框如图 5-5 所示，选取电动机 Mtr1 的起动电流、机端电压和有功需求曲线，分别如图 5-6、5-7 和 5-8 所示。

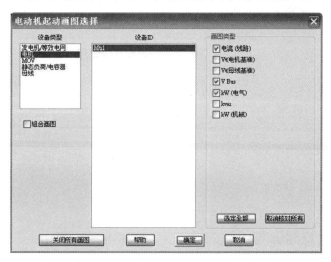

图 5-5　电动机起动画图选择

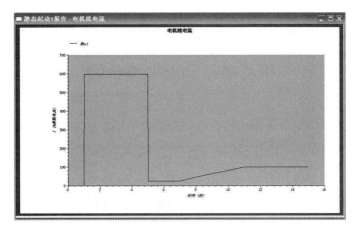

图 5-6　电动机 Mtr1 的起动电流曲线

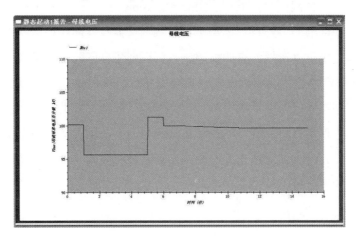

图 5-7　电动机 Mtr1 的母线电压曲线

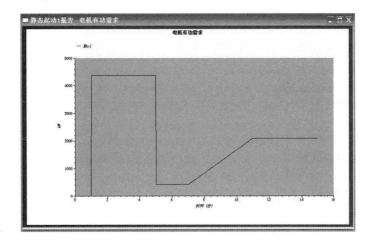

图 5-8　电动机 Mtr1 的有功功率需求曲线

7. 打开此分析案例的分析报告

在分析案例的分析报告中，可看到对应每个时刻的电气量和机械量的数值大小。

第二节　动态加速分析

　　动态电机加速算法的整个模拟过程中以动态模型来加速电动机，在这种分析中，应该为电动机所带动的负荷定义负荷转矩模式。在感应电动机的"模型"属性页或者同步电动机"LR 模型"属性页，从 5 种不同形式中选择一个作为电机动态模型：① Single1，有恒定的转子电阻和电抗的等值电路模型；② Single2，有深槽效应的、转子阻抗和电抗随着转速变化的电路模型；③ DBL1，有集成转子笼的双笼回路模型；④ DBL2，有独立转子笼的双笼回路模型；⑤ TSC，转矩转差特性曲线模型。其中，Single1、Single2、DBL1 和 DBL2 模型都是建立在电动机等值电路的基础上的，在 TSC 模型下可以从制造商特性曲线中直接设定电动机起动模式。在"电动机库"中可以选择已有的模型，也可以创建自己的电动机模型。

　　ETAP 也允许用户为每台电动机设定负荷转矩曲线，可以从"电动机负荷库"中选择已有的模型，也可以创建自己的电动机模型。因为电动机起动方式的区别，如果用户很在乎电动机起动对系统中其他运行负荷的影响或无法得到起动电动机的动态模型信息，可以进行静态电动机起动分析。相反，如果用户关心的是实际起动时间或是电动机是否可以成功起动，则进行动态电动机加速分析。

1. 新建动态分析案例

将分析案例命名为"动态起动 1"，并设置起动事件，起动事件设置见表 5-2。

表 5-2　动态起动 1 的事件设置

事件名称	时间（s）	动作	起动负荷	起动类型	额定功率（kW）	额定电压（kV）
事件 1	0.5	Start	Mtr1	Normal	2000	10

　　设置方法与静态分析相同，点击"启动动态电动机分析"按钮，不能完成起动分析的原因，可能是：① 缺少电动机模型；② 缺少负载模型；③ 缺少参数 H。

2. 打开 Mtr1 的编辑器添加需要的数据

　　（1）进入感应电机 Mtr1 编辑器的"模型"属性页，选中"CKT"，点击 Lib 按钮，最终选定的等值电路模型如图 5-9 所示。

　　（2）进入感应电机 Mtr1 编辑器的"负荷"属性页，选定"多项式"，点击"负载模型库"按钮，选择 Pump 负载模型，如图 5-10 所示。

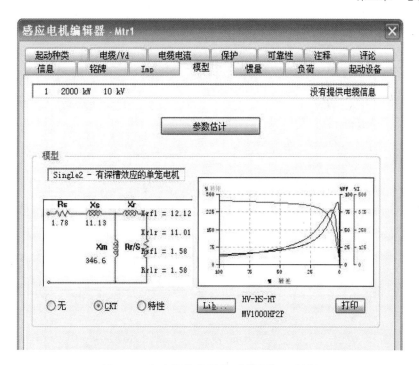

图 5-9　电动机编辑器的"模型"属性页

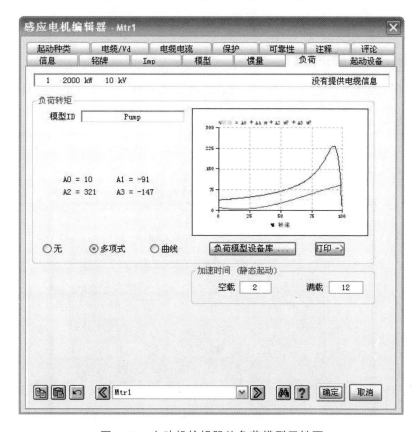

图 5-10　电动机编辑器的负荷模型属性页

（3）进入感应电机 Mtr1 编辑器的"惯量"属性页，设置参数如图 5-11 所示。

图 5-11　电动机编辑器的惯量属性页

3. 电动机动态起动分析

单击"电动机起动工具栏"中的"启动动态电动机分析"按钮，完成电动机起动分析。

4. 获得电动起动曲线

点击分析工具栏的"电动机起动画图"按钮，可以获得如下电动机起动曲线。

（1）电动机有功功率输出曲线，如图 5-12 所示。

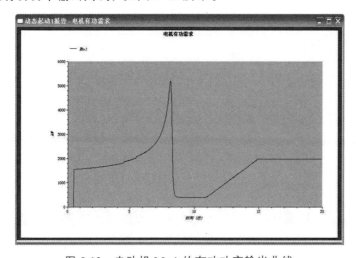

图 5-12　电动机 Mtr1 的有功功率输出曲线

（2）电动机转矩曲线，如图 5-13 所示。

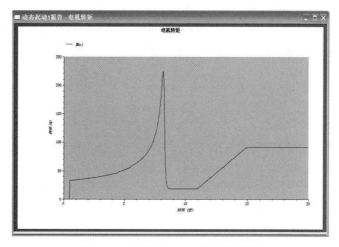

图 5-13　电动机 Mtr1 的转矩曲线

（3）负载转矩曲线，如图 5-14 所示。

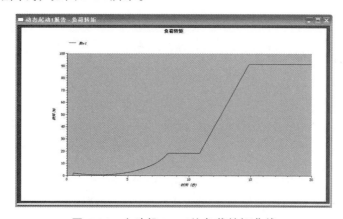

图 5-14　电动机 Mtr1 的负载转矩曲线

（4）母线电压曲线，如图 5-15 所示。

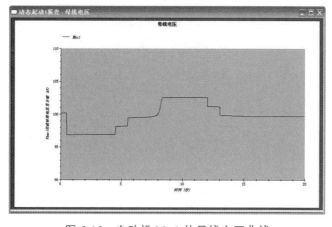

图 5-15　电动机 Mtr1 的母线电压曲线

（5）电动机的起动电流曲线，如图 5-16 所示。

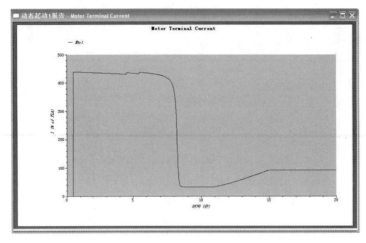

图 5-16　电动机 Mtr1 的起动电流曲线

第三节　电动机成批动态起动分析

分析案例名称为"动态起动 2"，起动事件设置见表 5-3。

表 5-3　动态起动 2 的事件设置

事件名称	时间（s）	动作	起动负荷（电动机）名称	起动类型	额定功率	额定电压
事件 1	0.5	Start	Mtr1	Normal	2 000 kW	10 kV
事件 2	2.0	Start	Mtr4，Mtr5，Mtr6	Normal	50 kW，75 kW，25 kW	0.38 kV
事件 3	4.0	Start	Mtr3	Normal	1 000 kW	10 kV

报警窗口输出如图 5-17 所示，其他输出曲线在此省略。

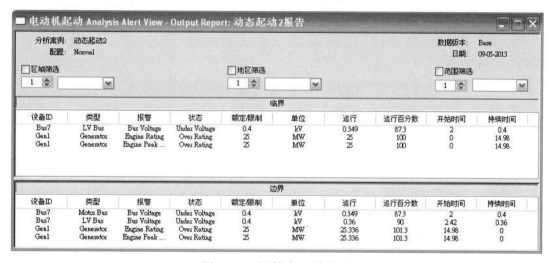

图 5-17　报警窗口输出图

第六章　暂态稳定分析

采用 ETAP 软件中的"暂态稳定分析"模块，可以对已建模的系统进行暂态稳定仿真分析。本章案例的数据版本是 Base，系统配置是 Normal。在 ETAP 的编辑界面中，点击"模式"工具栏中的"暂态稳定分析 〰"按钮，可以切换到暂态稳定案例分析模式，弹出"暂态稳定分析案例"工具栏。此时，窗体右侧的工具栏转换为"暂态稳定分析工具栏"。

第一节　增添暂态稳定分析需要的数据

（1）双击同步发电机 Gen1，打开编辑器——阻抗/模型页，"动态模型"选定次暂态模型，如图 6-1 所示。

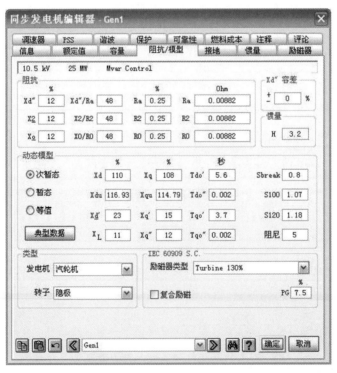

图 6-1　同步发电机编辑器——阻抗/模型属性页

（2）打开"惯量"属性页，设置"惯量计算器"原动机 H = 1.5，联轴器 H = 0.2，发电机 H = 1.5。如图 6-2 所示。

图 6-2　同步发电机编辑器——惯量属性页

第二节   暂态分析案例

1. 分析案例 1

（1）新建暂态稳定分析案例。点击"分析案例"工具栏的"新的分析案例"按钮，在"复制分析案例"对话框中指定分析案例的名称为"分析案例 1"，如图 6-3 所示。

图 6-3   复制"新的分析案例"对话框

（2）打开"暂态分析案例"编辑器的"事件"属性页，编辑分析案例 1 的事件，事件设置如表 6-1 所示。

表 6-1   分析案例 1 的事件设置

事 件	时间（s）	元件	动作/故障
事件 1	0.5	Bus1	3 相故障
事件 2	0.7	Bus1	清除故障

（3）点击分析工具栏的"运行暂态稳定"按钮，完成暂态稳定分析。

（4）点击分析工具栏的"暂态稳定画图"按钮，查看暂态稳定的相关图形。其中发电机 Gen1 的波形分别如图 6-4 ~ 图 6-6 所示，感应电动机 Mtr1 的特性曲线如图 6-7 和图 6-8 所示。

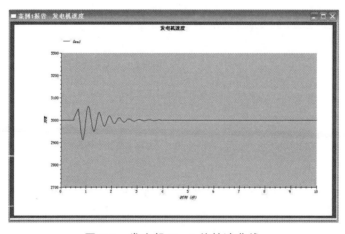

图 6-4   发电机 Gen1 的转速曲线

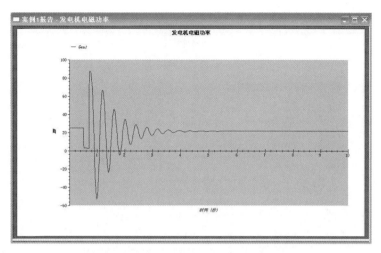

图 6-5　发电机 Gen1 的电磁功率曲线

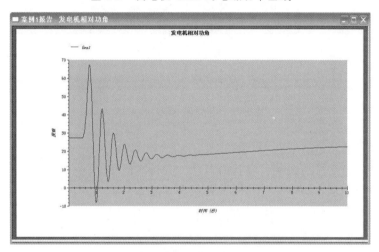

图 6-6　发电机 Gen1 的功角曲线

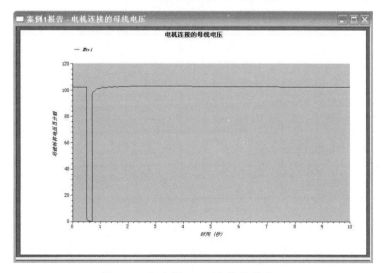

图 6-7　电动机 Mtr1 连接母线电压

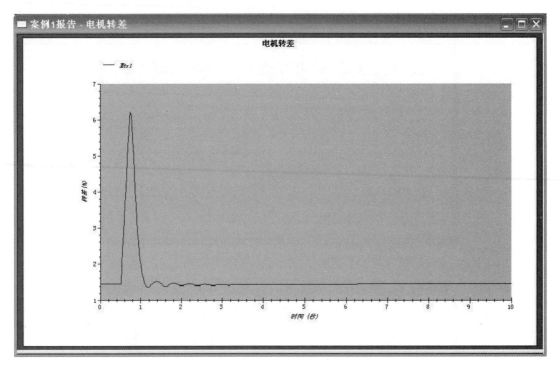

图 6-8 电动机 Mtr1 的滑差

2. 分析案例 2

（1）新建暂态稳定分析案例，将其命名为"分析案例 2"。

（2）编辑分析案例 2 的事件，具体设置见表 6-2。

表 6-2 分析案例 2 的事件设置

事 件	时间（s）	设备类型	设备 ID	动作/故障	动作设置
事件 1	0.50	母线	Bus1	3 相故障	分析案例编辑器
事件 2	0.60	断路器	CB1、CB7	打开	分析案例编辑器
事件 3	0.65	发电机	Gen1	无差调节	分析案例编辑器
		断路器	Tie CB	关闭	
		等效负荷	Lump3	删除	
Freq. Relay	6.423	断路器	CB4	打开	Freq. Relay

（3）点击分析工具栏的"运行暂态稳定"按钮，完成暂态稳定分析。

（4）查看暂态稳定的相关图形。其中，发电机 Gen1 有关变量的变化曲线见图 6-9 ~ 图 6-12，感应电动机 Mtr1 的特性曲线见图 6-13 和图 6-14。

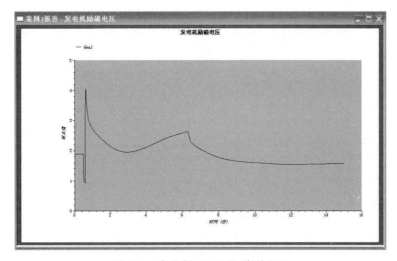

图 6-9　发电机 Gen1 的励磁电压

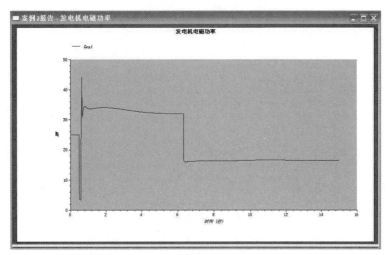

图 6-10　发电机 Gen1 的电磁功率

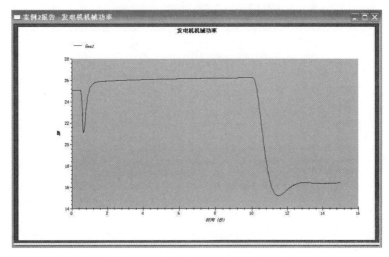

图 6-11　发电机 Gen1 的机械功率

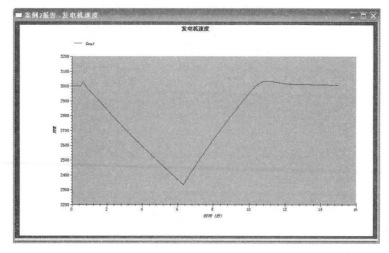

图 6-12　发电机 Gen1 的转速

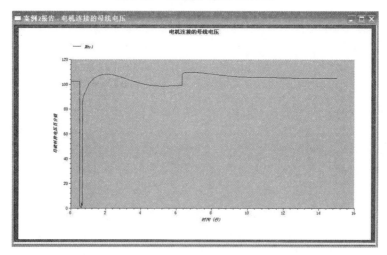

图 6-13　电动机 Mtr1 连接母线的电压

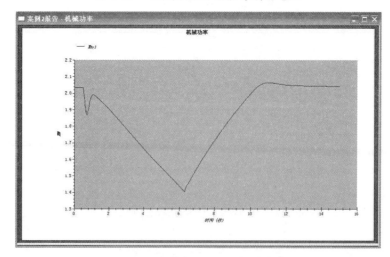

图 6-14　电动机 Mtr1 的机械功率

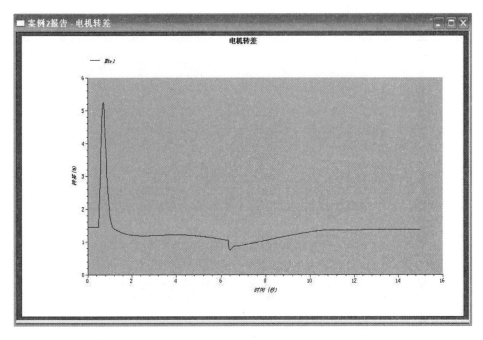

图 6-15 电动机 Mtr1 的滑差

3. 分析案例 3

电缆故障—两侧断路器打开 – 负荷转移（母线 Bus6 的负荷转移到备用电源母线 Bus5 上）。

（1）新建暂态稳定分析案例，并将其命名为"分析案例 3"。

（2）编辑分析案例 3 的事件，具体设置见表 6-3。

表 6-3 分析案例 3 的事件设置

事件	时间（s）	设备类型	设备名称	动作/故障	设置 1	动作设置
事件 1	0.50	电缆	Cable4	故障	50%	分析案例编辑器
事件 2	0.60	断路器	CB9、CB11	打开	—	分析案例编辑器
事件 3	0.70	断路器	CB12	关闭	—	分析案例编辑器

（3）点击分析工具栏的"运行暂态稳定"按钮，完成暂态稳定分析。

（4）查看暂态稳定的相关图形。其中，母线 Bus5 的频率曲线如图 6-16 所示；母线 Bus5 的电压如图 6-17 所示。由此可以看出：由于母线 Bus6 的负荷转移到母线 Bus5 上，母线 Bus5 的电压受到影响，出现跌落，但是最终母线 Bus5 的电压稳定在母线标称电压附近；如图 6-18 和图 6-19 所示，由于母线 Bus6 的负荷转移到了母线 Bus5 上，电缆 Cable5 输出的视在功率（MVA）和电流（A）都受到冲击，但最终都稳定在一个较高的水平（包含母线 Bus5 本身的负荷以及母线 Bus6 转移过来的负荷）。

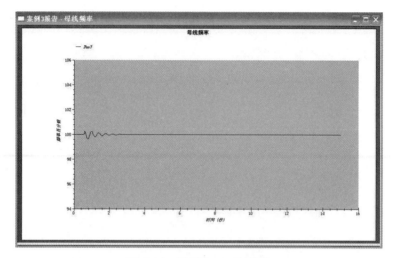

图 6-16　母线 Bus5 的频率

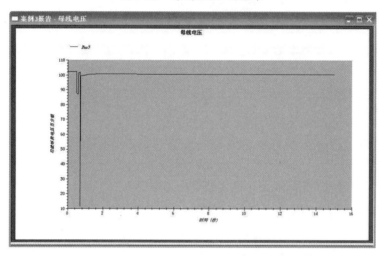

图 6-17　母线 Bus5 的电压

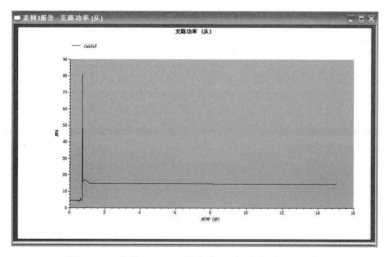

图 6-18　电缆 Cable5 输出的视在功率（MVA）

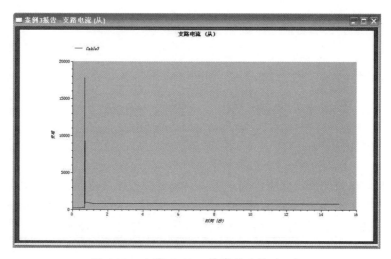

图 6-19　电缆 Cable5 输出的电流（A）

第七章 谐波分析

采用 ETAP 软件中的谐波分析模块，可以对已建模的系统进行谐波仿真分析。本章案例的数据版本是 Base，系统配置是 Normal。在 ETAP 的编辑界面中，点击"模式"工具栏中的"谐波分析 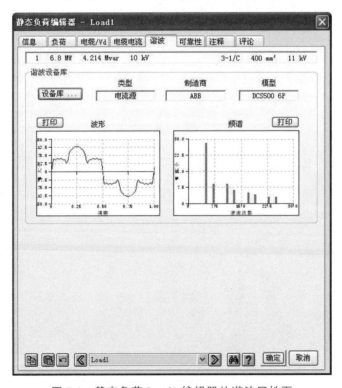 "按钮，可以切换到谐波案例分析模式，弹出"谐波分析案例"工具栏。此时，窗体右侧的工具栏转换为"谐波分析工具栏"。谐波分析案例名称是"谐波分析 1"，输出报告名称是"谐波分析 1 报告"。

第一节 添加谐波电流源数据

在本案例中，给静态负荷 Load1 添加谐波电流源数据，由静态负荷 Load1（非线性负载）向系统送入谐波电流。在静态负荷 Load1 的谐波属性页添加谐波源：类型是电流源、厂商是 ABB、模型是 DCS500 6P。静态负荷 Load1 编辑器的谐波属性页如图 7-1 所示。

图 7-1 静态负荷 Load1 编辑器的谐波属性页

第二节　对系统进行谐波分析

在设置谐波源后，点击分析工具栏的"启动谐波潮流计算"按钮。通过移动谐波次数滑条，获得流过 Cable4 的各次谐波电流及其畸变度 THD，见表 7-1。

表 7-1　滤波器投入前，流过 Cable4 的各次谐波电流及其畸变度 THD

次 数	1	5	7	11	13	17	19	23	25
电流（A）	568.36	133.3	42.9	42.8	28.6	23.8	19.1	14.3	14.7
IHD（%）	100	23.46	7.54	7.54	5.03	4.19	3.36	2.52	2.52

母线 Bus6 总的谐波电压畸变度（THD%）以及单个谐波电压畸变度见表 7-2。

表 7-2　母线 Bus6 总的谐波电压畸变度（THD%）以及单个谐波电压畸变度

次 数	Total	5	7	11	13	17	19	23	25
畸变度（%）	3.73	2.2	0.97	1.44	1.1	1.12	0.96	0.81	0.85

在执行谐波潮流分析后，单击右侧工具栏上的"谐波分析画图"按钮，可以查看谐波波形和频谱图。母线 Bus6 的谐波电压频谱图如图 7-2 所示，电压波形图如图 7-3 所示。

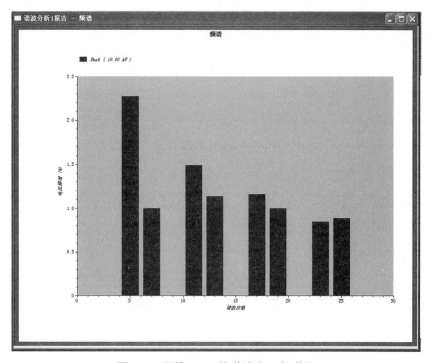

图 7-2　母线 Bus6 的谐波电压频谱图

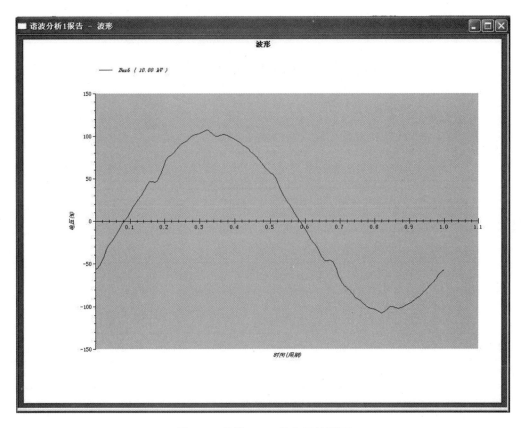

图 7-3　母线 Bus6 的电压波形图

第三节　滤波器设计

在滤波器未投入时，切换潮流分析模块，运行潮流分析，得到母线 Bus4 流入电缆 Cable4 的视在功率是 9.9 MV·A，功率因数（PF）是 85.1%，在此基础上进行滤波器的设置。

1. 设计 5 次谐波滤波器

在单线图上添加滤波器，连接到母线 Bus6。双击元件，打开滤波器编辑器，点击"参数"属性页，滤波器类型包括：旁通、高通（带阻尼）、高通（不带阻尼）、单调谐、3 次阻尼、3 次 C 型。如图 7-4 所示，选定滤波器类型为"单调谐"，输入滤波器额定电压 = 10 kV，最大电压 = 13.86 kV，品质因数 Q = 30，最大电流 = 200 A。

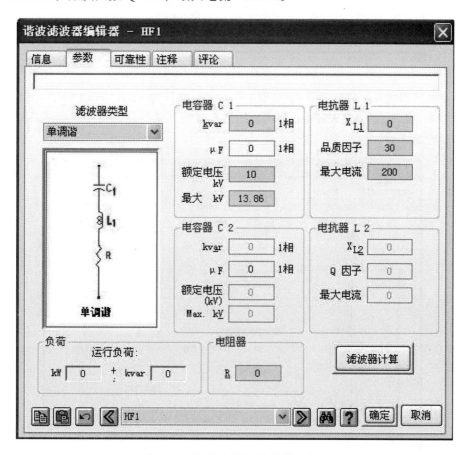

图 7-4　滤波器编辑器的参数属性页

在滤波器编辑器的参数属性页，点击"滤波器计算"按钮，滤波器容量估计编辑器如图 7-5 所示，输入谐波次数（Harmonic Order）= 5，谐波电流 = 133.3 A，现有功率因数 = 85.1%，期望功率因数 = 90%，负荷容量 = 9.9 MV·A。

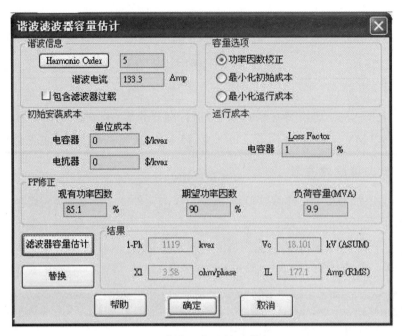

图 7-5　滤波器容量估计编辑器

点击"滤波器估计"按钮,获得一组结果:1 相 = 1119 kvar,Vc = 17.653 kV(ASUM),
X_L = 3.58 Ω/相,I_L = 174 A(RMS)。单击"替换"按钮,软件自动将获得的结果数据填写到
滤波器的参数属性页,如图 7-6 所示。

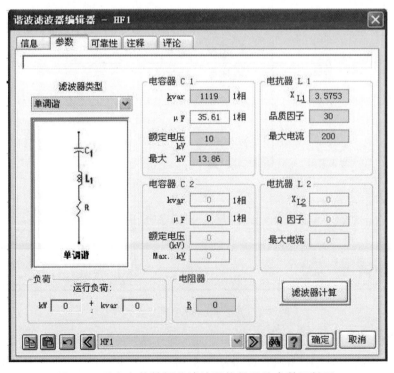

图 7-6　具有完整数据的滤波器编辑器的参数属性页

　　在 5 次谐波滤波器投入之后，切换到潮流分析模块，运行潮流分析，得到母线 Bus4 流入电缆 Cable4 的视在功率是 9.2 MV·A，功率因数（PF）是 90.2%。

　　在 5 次谐波滤波器投入之后，切换到谐波分析模块，运行谐波潮流分析，得到母线 Bus6 的电压波形频谱图如图 7-7 所示。

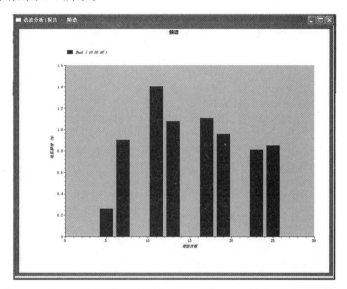

图 7-7　投入 5 次谐波滤波器之后，母线 Bus6 的电压波形频谱图

2. 设计 7 次和 11 次谐波滤波器

　　根据 5 次谐波滤波器的设计方法，获得 7 次和 11 次谐波滤波器参数分别如图 7-8 和图 7-9 所示。

图 7-8　7 次谐波滤波器编辑器的参数属性页

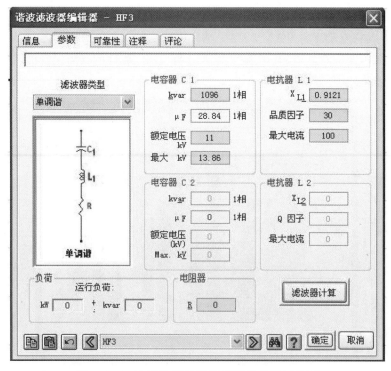

图 7-9　11 次谐波滤波器编辑器的参数属性页

3. 在投入滤波器之后的谐波分析

投入 5、7 和 11 次谐波滤波器后运行谐波分析，母线 Bus6 的各次谐波频谱图如图 7-10 所示，母线 Bus6 的电压波形图如图 7-11 所示。

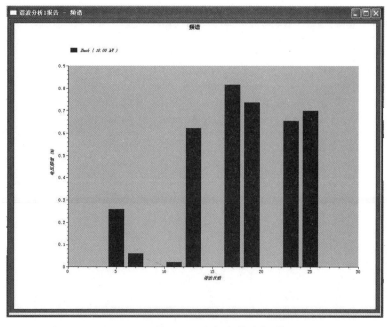

图 7-10　母线 Bus6 的各次谐波频谱图

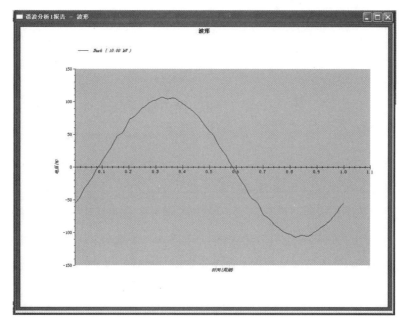

图 7-11　母线 Bus6 的电压波形图

母线 Bus6 电压中的各次谐波含量下降至 0.8% 以下，电压波形也得到较大改善。滤波器投运 前后，Bus6 总的谐波电压畸变度（THD%）以及单个谐波电压畸变度对照表见表 7-3。

表 7-3　滤波器投入前后母线 Bus6 的各次谐波电压的畸变度 THD

次数	Total	5	7	11	13	17	19	23	25
畸变度（%） （滤波器投运前）	25.75	23	8	8	5	4	3	3	3
畸变度（%） （滤波器投运后）	6.58	3	2.5	0.6	3	3	3	2	2

4. 频率扫描

运用频率扫描，检查系统有无频率共振现象。点击"启动频率扫描"按钮进行检查，报警窗口如图 7-12 所示。

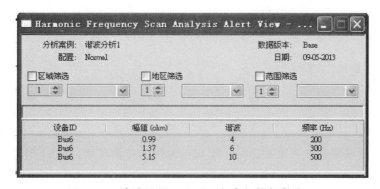

图 7-12　滤波器投运之后，频率扫描报警窗口

第八章　接地网系统

良好的接地网系统能确保电力装置内部或周围人身安全。因此，接地网系统的设计也是一项重要的工作。ETAP 软件能够协助用户完成接地网系统的设计工作，并能给出更低成本的设计方案。ETAP 为用户提供了图形化的设计环境、接地分析功能和接地网优化功能。ETAP 软件接地网系统采用了四种标准：有限元算法（FEM）、IEEE　80-1986、IEEE 80-2000、IEEE 665-1995，本章算例将选用 IEEE 86-2000 接地网设计标准。

第一节　接地网系统的设计

1. 打开 "ETAP 接地网设计" 编辑器

双击单线图上的 "接地网" 元件，打开 "ETAP 接地网设计" 编辑器，选择 IEEE 方法，如图 8-1 所示；点击 "确定" 按钮，打开 "地下接地网系统" 显示图。

图 8-1　接地网设计编辑器

2. "接地网系统" 显示图

接地网系统显示图由三部分构成，如图 8-2 所示，显示图上部左侧是三维视图，右则是土壤视图，下部是表层视图。表层视图用于编辑接地网系统中水平接地体和垂直接地体；土壤视图用于编辑土壤属性；三维视图用于编辑接地网的三维显示，也用于旋转系统，提供不同角度的显示图。

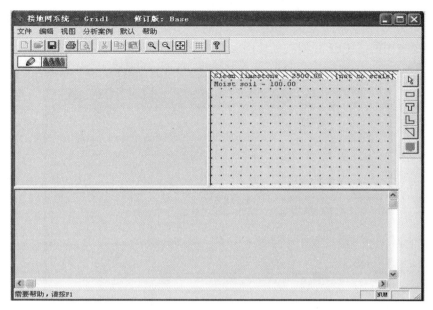

图 8-2　接地网系统显示图

3．添加"IEEE L 型"接地网

利用上部右侧"IEEE 编辑工具栏"，在表层视图上添加"IEEE L 型"接地网，如图 8-3 所示。

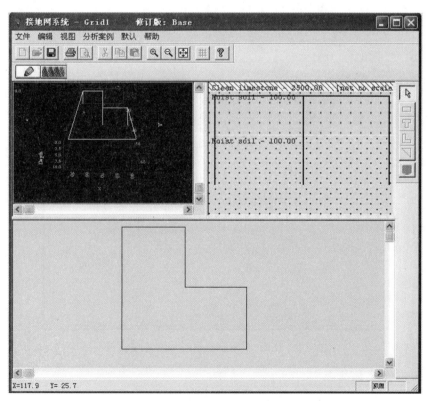

图 8-3　添加 IEEE-L 型接地网的示意图

4. 打开 IEEE 组编辑器

双击表层视图的"IEEE L 型"接地网元件，打开 IEEE 组编辑器，按图 8-4、8-5 所示填入相应的数据。

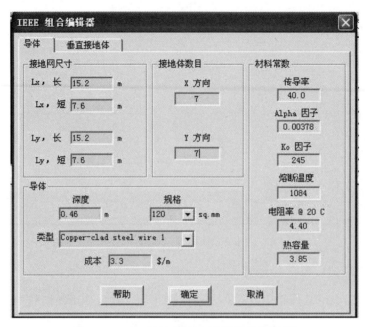

图 8-4 IEEE 组编辑器水平接地体属性页

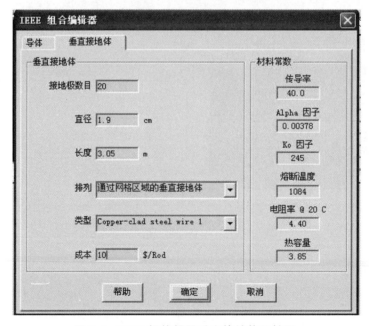

图 8-5 IEEE 组编辑器垂直接地体属性页

5. 打开"土壤编辑器"

双击土壤视图，打开"土壤编辑器"，按图 8-6 输入相应数据。

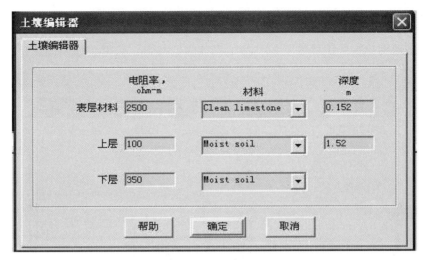

图 8-6　土壤编辑器

6.　切换到接地网分析模式

点击"模式"工具栏上的"接地网分析"按钮，将其切换到接地网分析模式。

7.　打开"接地网分析案例"编辑器

点击"分析案例"工具栏上的"编辑分析案例"按钮，打开"接地网分析案例"编辑器，按图 8-7 设置参数。

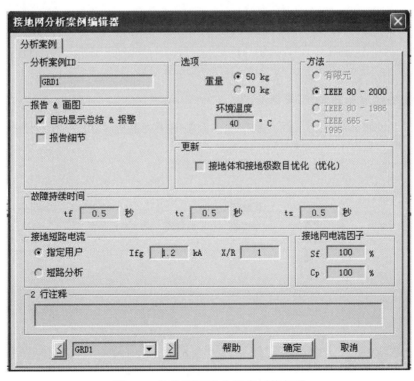

图 8-7　接地网系统分析案例编辑器

8. 进行接地网计算

点击"接地网分析"工具栏上的"接地网计算"按钮，获得接地网计算结果，如图 8-8 所示。

图 8-8　接地分析报警视图

9. 查看接地网系统的相关报告

利用 ETAP 的报告功能，可以查看接地网系统的相关报告，如图 8-9 所示。

接地网总结报告

Rg 接地 电阻 ohm	GPR 接地 电位升 Volts	接触电压			跨步电压		
		允许值 Volts	计算值: Volts	计算值: %	允许值 Volts	计算值: Volts	计算值: %
6.889	8293.6	644.3	392.4	60.9	2085.2	647.3	31.0

总故障电流:	1.200 kA		反射因子 (K):	-0.923
最大接地网电流:	1.204 kA		表层校正因子 (Cs):	0.781
			消耗因子 (Df):	1.003

图 8-9　接地网系统接地分析结果报告

第二节 接地网系统的优化

ETAP还具备优化接地网系统设计的功能，它提供了两种优化方法，均符合ANSI/IEEE标准。方法一：优化水平接地体数目，保持恒定数量的垂直接地体，由优化程序确定可满足跨步电压和接触电压的最少水平接地体数量；方法二：水平接地体和垂直接地体优化，优化程序按最小成本来确定水平接地体和垂直接地体的数量。

由所设计的接地网系统分析结果可以看出：接触电压和跨步电压的计算值分别为392.4 V和647.3 V，远小于接触电压和跨步电压的允许值644.3 V、2085.2 V。显然该接地网的设计不够经济，下面将利用ETAP获得该接地网系统的优化设计方案。案例中接地网系统原设计：X方向水平接地体数目为7、Y方向水平接地体数目为7、垂直接地体数目为20。

1. 优化水平接地体数目

点击"接地网分析"工具栏上的"最优水平接地体数目"按钮，获得优化计算结果，X、Y方向水平接地体数目均为4，详细信息如图8-10所示。

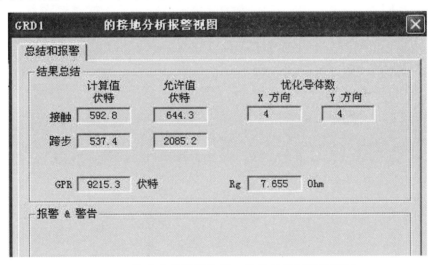

图8-10 优化水平接地体数目的接地分析报警视图

2. 优化水平接地体和垂直接地体数目

点击"接地网分析"工具栏上的"最优水平接地体和垂直接地体数目"按钮，获得优化计算结果，X、Y方向水平接地体数目均为4，垂直接地体数目为19，详细信息如图8-11所示。

3. 利用"接地网系统分析案例编辑器"优化

也可以利用ETAP软件将接地网系统的接地体数目直接更新为优化计算获得的接地体数

目。在如图 8-7 所示的"接地网系统分析案例编辑器"中，选中"更新"项中的"水平接地体和垂直接地体数目（最优）"复选框即可。

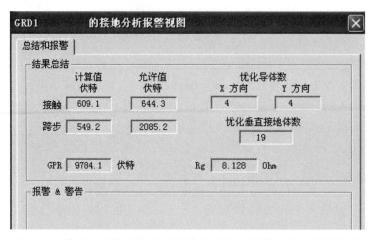

图 8-11　优化水平接地体和垂直接地体数目的接地分析报警视图

第三节　IEEE方法接地网工程计算案例

1. 接地网计算已知条件

① 对称接地故障电流：3.18 kA，$X/R = 3.33$；

② 切除短路故障的继电器和断路器总的动作时间为0.5 s，没有重合闸；

③ 短路电流分流系数：0.6（已经考虑了未来25年系统的发展）；

④ 要求接地网规格：70 m×70 m的矩形。

⑤ 使用的接地体规格：水平接地体，材料铜包钢，直径10 mm；

　　　　　　　　　　　垂直接地体，材料铜包钢，长度7.5 m。

2. 建立和编辑接地网模型

（1）水平接地体。

打开接地体IEEE组合编辑器，选择"导体"属性页，如图8-12所示。

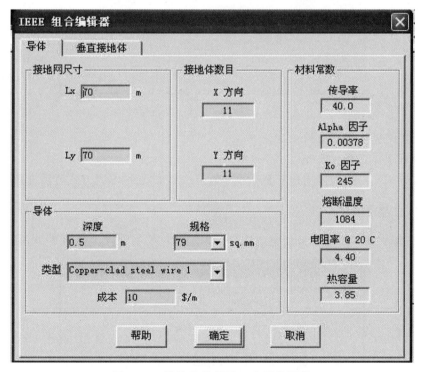

图8-12　接地体编辑器—水平接地体

① 接地网尺寸：定义矩形接地网在 X 方向上长度为70 m，在 Y 方向上的长度为70 m。

② 水平接地体数目：定义矩形接地网里 X 方向有导体11根，Y 方向有导体11根。

③ 水平接地体深度：接地网埋的深度是0.5 m。

④ 水平接地体大小：接地网中水平接地体的截面面积为79 mm^2。

⑤ 水平接地类型：选择导体的材料类型，这里选择铜包钢的。

⑥ 水平接地成本：每根导体的成本，包括购买和安装成本。

⑦ 水平接地材料参数：上面描述的导体材料类型选择好之后，这些参数就定了。ETAP 软件中收集了 IEEE 标准中的 13 种材料，每一种材料的参数都已经录入到库中，在做接地网计算时可以选择其中的一种，软件自动从库中提取所选择的导体的各项参数用于计算。

（2）垂直接地体。

打开接地体 IEEE 组合编辑器，选择"垂直接地体"属性页，如图 8-13 所示。

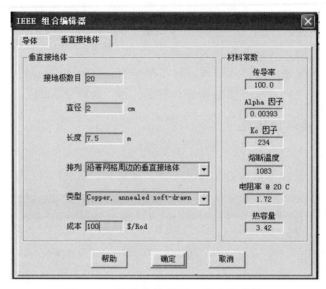

图 8-13　接地体编辑器—垂直接地体

① 垂直接地体接地极数目：20；

② 垂直接地体直径：2 cm；

③ 排列方式：沿接地网周边布置（这里有 IEEE 的五种排列方式可供选择）。

3．编辑土壤参数

打开土壤编辑器，在这里分层输入土壤电阻率、材料和深度，如图 8-14 所示。

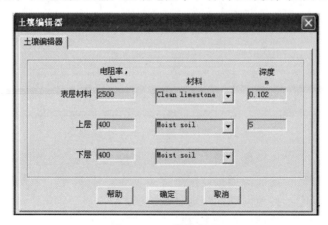

图 8-14　土壤编辑器

表层材料：为了提高接触电压和跨步电压的允许值，经常在土壤表面铺上电阻率大的碎石、砾石、卵石等电阻率大的材料，在这里就填这些材料的电阻率和厚度。上层、下层：这里填埋接地体的土壤的电阻率。实际中可能各区域土壤的电阻率不同，这里每层只能填一个电阻率，所以这里填平均电阻率。上下两层电阻率也可以一样。每层土壤材料也有几种类型可供选择，每种类型对应有各自的电阻率，电阻率也可以自己编辑。

4. 输入分析计算条件

打开接地网分析案例编辑器，如图 8-15 所示。

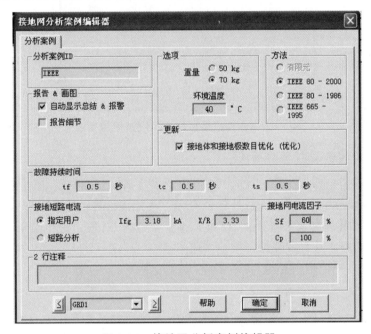

图 8-15　接地网分析案例编辑器

① 选项：重量——人的体重 70 kg，环境温度——40 ℃。

② 故障持续时间：0.5 s，tf、tc、ts 三个值都是故障持续时间，用于不同的三个计算，它们的值都填一样。

③ 接地电流：3.18 kA，$X/R = 3.33$。接地电流的来源有两种，可以用户直接指定，也可以通 过 ETAP 的系统短路计算模块计算得到。

④ 接地网电流因子：Sf——短路电流系统分流因子；Cp——考虑未来发展的短路电流增长因子。

5. 进行接地分析

根据输入的固定参数进行分析，鼠标点击运行计算按钮，软件开始计算，计算结束后有结果窗口出现，也可以生成计算报告。显示计算结果如图 8-16 所示：

① 接触电压计算值 756.5 V，接触电压容许值 840.5 V；

② 跨步电压计算值 554.9 V，跨步电压容许值 2696.1 V；

③ 接地体电位上升（GPR）5307.4 V，接地电阻（Rg）2.75 Ω。

图 8-16 计算结果窗口——IEEE 固定参数

6. 优化水平和垂直接地体分析

鼠标点击运行优化计算按钮，软件开始优化计算。计算结束后优化结果和计算结果都显示在结果窗口，也可以生成报告，如图 8-17 所示。接地体材料、规格和分析的条件参数都用原来的。此前输入数据为水平接地体 22 根，垂直接地体 20 根；优化结果为水平接地体 24 根，垂直接地体 4 根。这样就降低了接地网成本。

图 8-17 计算结果窗口——IEEE 优化

用接地体优化结果重新计算得到：

① 接触电压计算值 789.7 V，接触电压容许值 840.5 V；

② 跨步电压计算值 602 V，跨步电压容许值 2696.1 V；

③ 接地体电位上升（GPR）5302.1 V，接地电阻（Rg）2.75 Ω。

第四节　有限元法接地网工程计算

1. 建立接地网模型

有限元法建模和 IEEE 方法建模不同，它需要一根一根的搭建接地网模型。为了跟上面所描述的 IEEE 方法计算相对比，在这里建立一个跟上例 IEEE 方法一样的接地网模型。水平接地体 X 方向上 11 根，间距 7 m；Y 方向上 11 跟，间距 7 m，每根长度 70 m，截面面积 79 mm²，组成一个 70 m×70 m 的矩形网。垂直接地体 20 根，直径 2 cm，每根长度 7.5 m，沿水平接地网周边排列。通过坐标列表确定每根接地体端点的坐标，确保每个接点连接良好。有限元法接地网建模如图 8-18 所示。

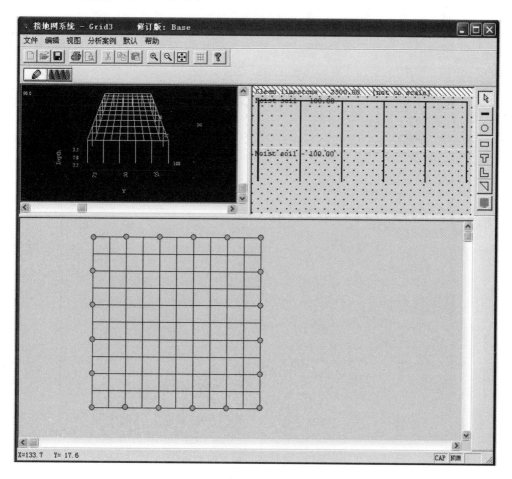

图 8-18　有限元法接地网建模

2. 编辑土壤电阻率和分析条件

① 打开土壤编辑器，设置土壤电阻率，如图 8-19 所示。

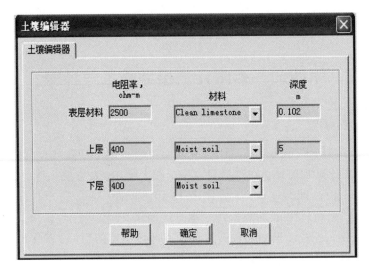

图 8-19 土壤编辑器

② 打开接地网分析案例编辑器，所有这些设置都和 IEEE 计算设置一样，如图 8-20 所示。

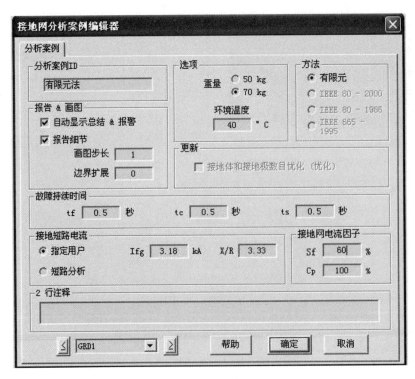

图 8-20 接地网分析案例编辑器

3. 进行有限元法计算

点击有限元法计算按钮，进行有限元法计算，计算结果在结果窗口有显示，如图 8-21 所示，详细的结果还可以生成报告和画图。

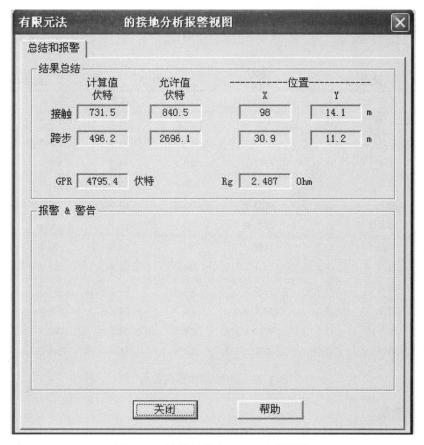

图 8-21　计算结果窗口——有限元法

（1）窗口显示：

① 接地网区域内接触电压和跨步电压可能出现的最大值：731.5 V 和 496.2 V；

② 接地网区域内接触电压和跨步电压容许的最大值：840.5 V 和 2696.1 V；

③ 接触电压和跨步电压接触电压可能出现的最大值的点是：（98，14.1）和（30.9，11.2）；

④ 接地体电位上升（GPR）4795.4 V，接地电阻（Rg）2.49 Ω。

（2）报告：

① 概要报告如图 8-22 所示。

接地网总结报告

Rg 接地电阻 ohm	GPR 接地电位升 Volts	最大接触电压					最大跨步电压				
		允许值 Volts	计算值 Volts	计算值 %	对应点 (m) X	Y	允许值 Volts	计算值 Volts	计算值 %	对应点 (m) X	Y
2.487	4795.4	840.5	731.5	87.0	98.0	14.1	2696.1	496.2	18.4	30.90	11.20

图 8-22　有限元法概要报告

② 详细报告如图 8-23 所示。

接地网结果

#	地点 (m)		绝对电压	接触电压		跨步电压	
	X	Y	Volts	Volts	% 偏差	Volts	% 偏差
1	30.9	11.2	4247.0	548.4	65.2	496.2	18.4
2	31.9	11.2	4296.6	498.8	59.3	390.2	14.5
3	32.9	11.2	4257.2	538.2	64.0	332.3	12.3
4	33.9	11.2	4244.8	550.6	65.5	311.3	11.5
5	34.9	11.2	4253.9	541.5	64.4	305.5	11.3
6	35.9	11.2	4282.5	512.9	61.0	310.1	11.5
7	36.9	11.2	4336.3	459.1	54.6	331.7	12.3
8	37.9	11.2	4411.2	384.2	45.7	377.1	14.0
9	38.9	11.2	4373.4	422.0	50.2	329.7	12.2
10	39.9	11.2	4352.0	443.4	52.8	303.8	11.3
11	40.9	11.2	4337.1	458.3	54.5	280.9	10.4
12	41.9	11.2	4342.4	452.9	53.9	266.2	9.9

图 8-23   有限元法详细报告

（3）三维画图：

① X 坐标，Y 坐标，跨步电压值如图 8-24 所示。

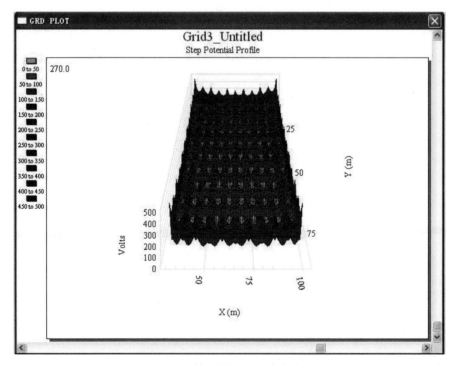

图 8-24   结果画图——跨步电压

② X 坐标，Y 坐标、接触电压值如图 8-25 所示。

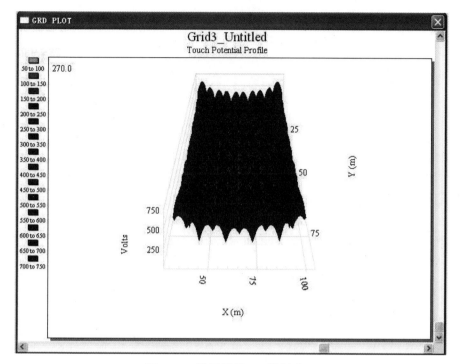

图 8-25 结果画图——接触电压

第九章 ETAP eTraX™ 铁路牵引电力模块

  ETAP 的 eTraX™ 模块是精确、先进、灵活的专门用于轨道交通的软件设计工具，能够对中、低压供电系统的各项指标和机车行进中的多种运行工况进行分析，如图 9-1 所示。eTraX™ 不仅可以分析模拟牵引变电站供电的低压轨道电气系统，同时还可以分析行车过程中，机车运行对高压系统的影响（谐波畸变、制动反馈等）、带地理视图的轨道网络模型编辑器、基于 IEC 30364 BS 7671 17th 版本的电缆选型、行车过程的时序潮流分析、短路分析、过流保护和配合、电能质量/谐波分析等。

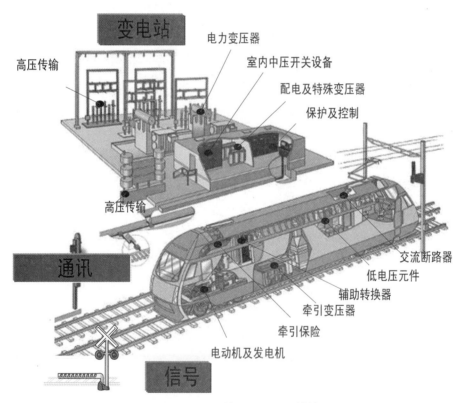

图 9-1 ETAP 的 e-TraXTM 模块

第一节　eTraX™模块的功能分层

eTraX™具体功能如图9-2所示，可以分为6层。

图9-2　eTrax功能分层

1. 第一层模块

第一层模块包括设备建模和GIS建模。

（1）设备建模功能如下：

- 架空悬链系统；
- 赛道阻力；
- 牵引变压器，助推器，斯科特等；
- 仰角，弯曲半径和速度限制；
- 绝缘子，隔离器，中性部分等；
- 牵引变电站（TSS）和交换站（SSP）；
- 牵引整流器-受控和不受控；
- 模拟任何电压水平和频率；
- 典型的电气牵引分布配置：

1×25 kV，不带升压变压器；

1×25 kV，带升压变压器和回路导线；

2×25 kV 自耦变压器；

- 混合 AC 和 DC 系统。

（2）GIS 建模功能如下：

- 用于创建和管理牵引电力系统网络模型的用户友好环境；
- 从网络资源（如 OpenStreetMapTM）导入曲目和电台位置；
- 地理空间铁路网络建模和可视化；
- 用快速简单的工具来构建地理空间轨道布局；
- 生成并维护同步的电气地理空间和单线图；
- 为 OCS，TSS，SSP 等创建和使用模版；
- 内置多个间距选项的自动布局功能；
- 图形化结果并在地理空间和电气单线图上训练动画。

2．第二层模块

第二层模块包括路线和时间表、车辆。

（1）路线和时间表功能如下：

- 图形选择和自动识别可能的路线；
- 表格轨道和路线编辑器显示选定的连接性和路线详情；
- 自动工具快速高效地定义和构建端到端路线；
- 应用主题颜色，如基于路线的着色；
- 根据列车的数量、车头、停留时间等自动生成列车时刻表；
- 轻松利用第三方程序的列车时刻表进行电气计算；
- 定义平日、周末和节假日的不同列车时刻表；
- 每天给定数量的列车自动创建列车时刻表；
- 从 MS Excel 格式导入列车时间表以加快数据输入速度；
- 定义列车到达时间、停留时间或出发时间；
- 定义每条路线的无限列车时刻表。

（2）车辆功能如下：

- 详细的车辆库，包括机车、客货车、货运等；
- 用户可定制的库，包括车辆的文档和照片链接；
- 包括牵引力与速度的性能曲线；
- 包括制动力与速度等制动特性；
- 根据牵引电机电路模型定义电压牵引力计算。

3．第三层模块

第三层模块包括列车配置、变电站配置。

（1）列车配置功能如下：

- 定义和建模列车编组和车辆序列，包括机车、乘客、货运或混合安排；
- 快速分配列车时刻表以训练配置；
- 与列车车辆库集成；
- 用户定义的加速和制动限制。

（2）变电站配置功能如下：

- 变电站的 AC&DC 电流、电压等级配置。

4. 第四层模块

第四层模块包括列车性能、牵引电力系统潮流。

（1）列车性能如下：

- 考虑轨道轮廓，如坡度、曲率、速度限制等；
- 根据列车性能确定牵引力；
- 考虑滚动、加速和阻力；
- 分析列车行程时间；
- 计算列车运动模式；
- 确定电源不足/紧要点；
- 训练功耗/需求；
- 模拟机车车辆改造/升级；
- 再生制动的影响；
- 依赖于电压的机车建模，包括电机电路模型、电源转换器等。

（2）牵引电力系统潮流计算功能如下：

- 单相和不平衡三相建模；
- 统一的交流和直流潮流解决方案；
- 不平衡分支和非线性负载建模；
- 相序和顺序电压，电流和功率；
- 电压和电流不平衡因素；
- 自动设备评估；
- 机器内部序列阻抗；
- 机器/变压器的各种接地类型；
- 变压器绕组连接建模；
- 一条线和多条线之间的传输线耦合；
- 自动调节变压器负荷分接开关（LTC/调节器）；
- 移相变压器；
- 电流注入法。

5. 第五层模块

第五层模块包括 eSCADA 及牵引供电管理系统。

（1）eSCADA 功能如下：

- 利用通用模型进行设计，规划和实时操作；
- 内置本地 SCADA 通信协议；
- 综合历史数据和事件；
- 集成的警报和事件管理；
- 内置冗余-集中式和分布式。

（2）牵引供电管理系统功能如下：

- 具有状态估计的高级监视；
- 基于操作员行为的预测系统响应；
- 切换顺序允许、切换顺序和工单管理；
- 自动下载波形和事件序列文件；
- 事件回放标识系统的"根本原因和影响"分析的运行状况；
- 短期能源预测；
- 基于 Web 的客户机可视化和可定制的 HMI 图形。

第二节　eTraX^{TM} 案例分析

本节案例要求从开放式街道地图创建配电网的铁路系统,建立单线变电所铁路系统模型,导入时间表及分配列车。通过运行 eTraX^{TM} 分析,确认列车运行,并判定变电站性能,具体仿真分析步骤如下。

1. 创建项目

如图 9-3 所示,创建一个名为"Example1"的案例项目。

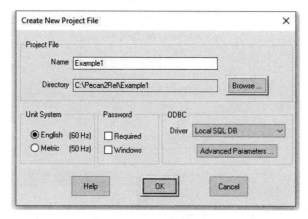

图 9-3　创建项目

2. 加载库和仓库

在 Example1 的文件夹中连接库和仓库,其中库文件为 Example1.lib,仓库文件为 Example1.wh。

3. 创建配电网

如图 9-4 所示,创建一个名为"Distribution1"的配电网。

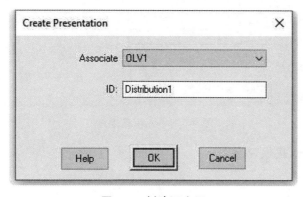

图 9-4　创建配电网

4. 把开放式街道地图导入铁路系统

如图 9-5 所示，从 "DataX" 中选择 "Import OSM"，导入项目文件夹中的 map.osm 文件。

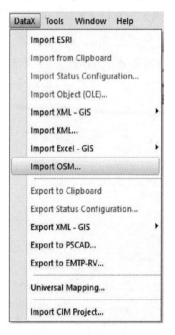

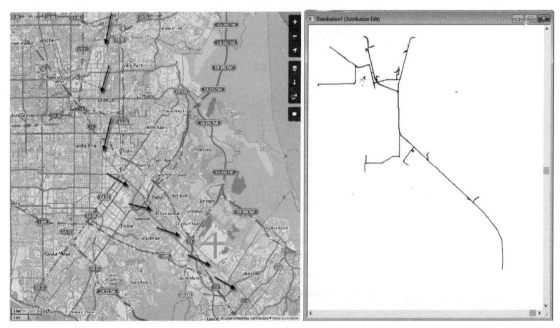

图 9-5　导入街道地图

5. 在配电网上创建铁路系统

（1）创建轨道段。

通过导入 OSM 文件，"Distribution1" 的配电网中已经创建了轨道段，如图 9-6 所示。

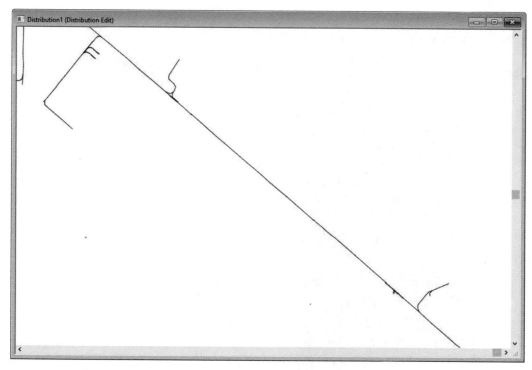

图 9-6　创建的轨道段

（2）创建火车站。

在轨道段的基础上，通过"Traction Edit"，创建火车站，如图 9-7 所示。

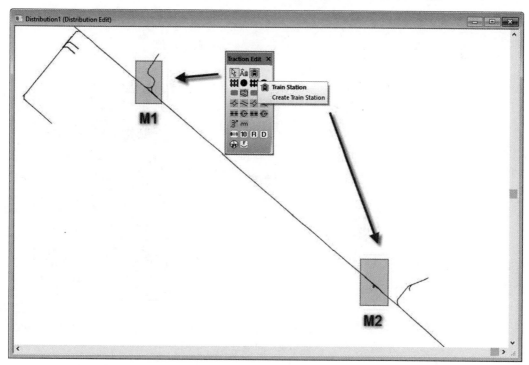

图 9-7　创建的火车站

（3）站台

在轨道段的中间创建站台，如图 9-8 所示。

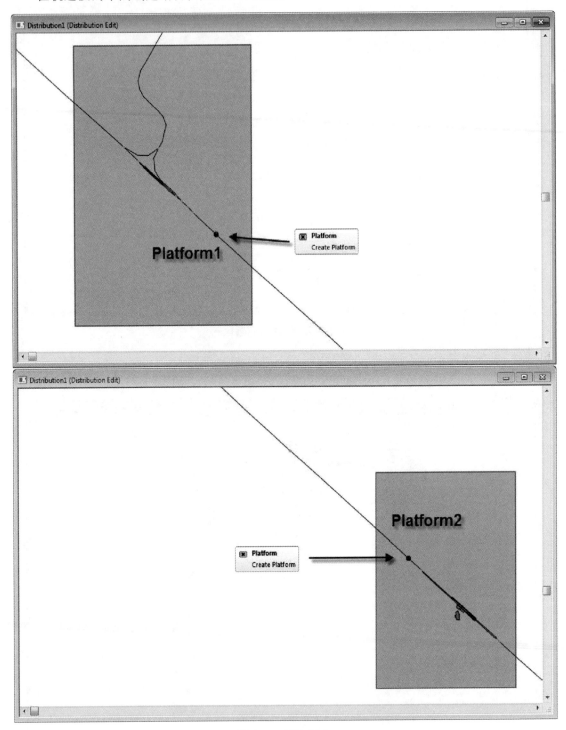

图 9-8　创建站台

（4）在轨道段设置限速"Speed Limit"，如图 9-9 所示。

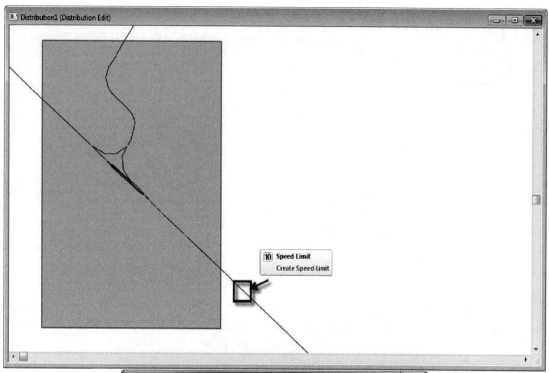

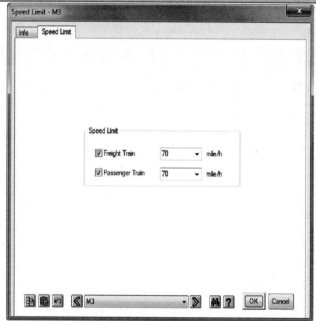

图 9-9　设置限速

6. 创建一个列车组（列车模块）

（1）新建列车组。

在"eTraX Editor"的"Track"模块下，选择"New"，新建列车组"TrackGroup1"，如图 9-10 所示。

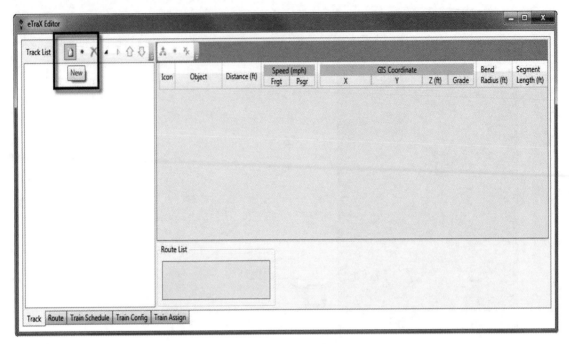

图 9-10　新建列车组

（2）添加元素。

在"eTraX Editor"中，点击"Add Elements"，添加元素，如图 9-11 所示。

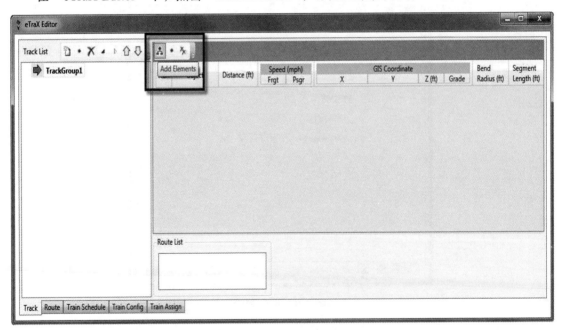

图 9-11　添加元素

（3）完成列车组的创建。

在"Distribution1"的配电网中完成列车组的创建，如图 9-12 所示。在"eTraX Editor"中，完成列车组信息的添加，如图 9-13 所示。

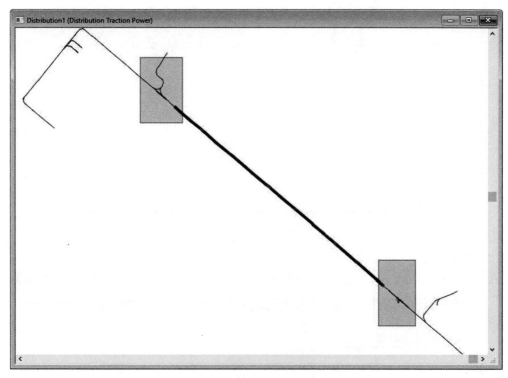

图 9-12　完成一个列车组的创建

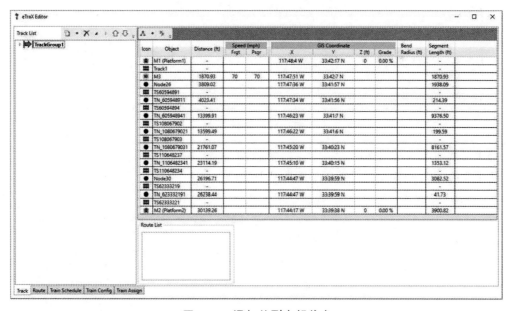

图 9-13　添加的列车组信息

7. 创建一个轨道线路

（1）新建轨道线路。

在"eTraX Editor"的"Route"模块下，选择"New"，新建轨道线路"TrackRoute1"，如图 9-14 所示。

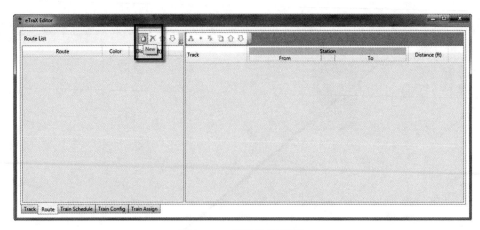

图 9-14　新建轨道线路

（2）添加元素。

在"eTraX Editor"中，点击"Add Elements"，添加轨道线路元素，如图 9-15 所示。

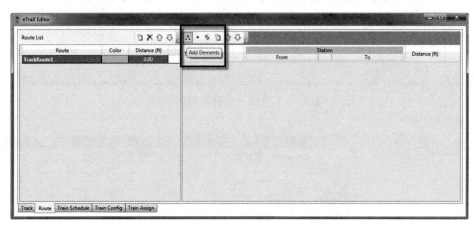

图 9-15　添加元素

（3）完成轨道线路的创建。

轨道线路"TrackRoute1"的信息如图 9-16 所示。

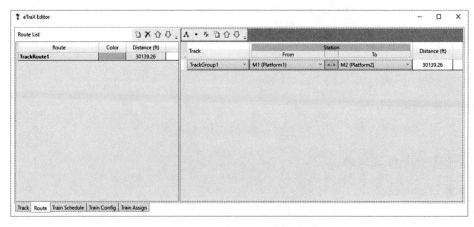

图 9-16　完成轨道线路的创建

8. 在配电网中生成铁路系统的 OLV

在配电网的编辑模式下，单击"Creat OLV"，创建 OLV，如图 9-17 所示。

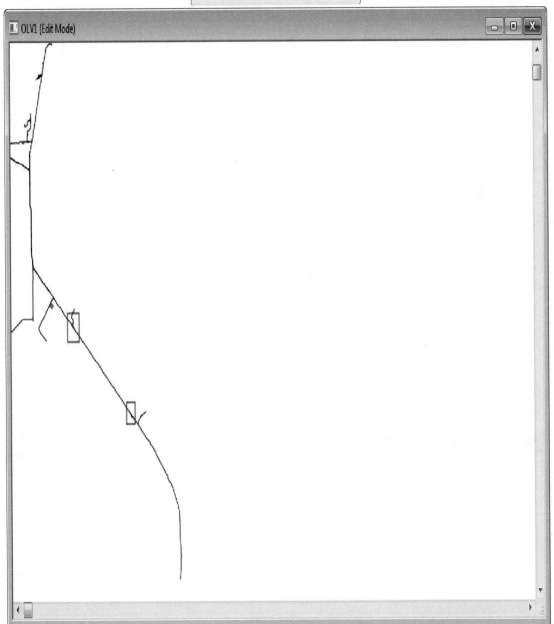

图 9-17　创建 OLV

9. 建立单线图

右击火车站"M1"，选择"Align"，如图 9-18 所示，打开 OLV 的编辑模式窗口。

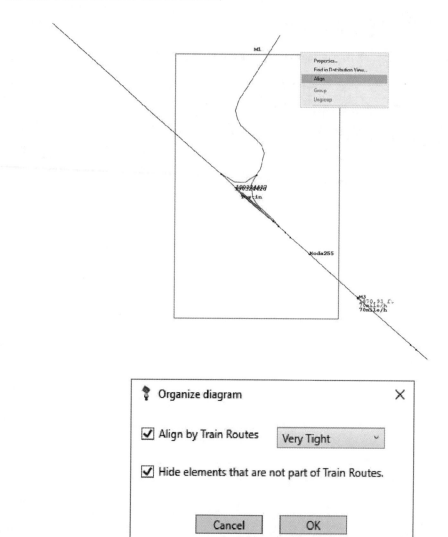

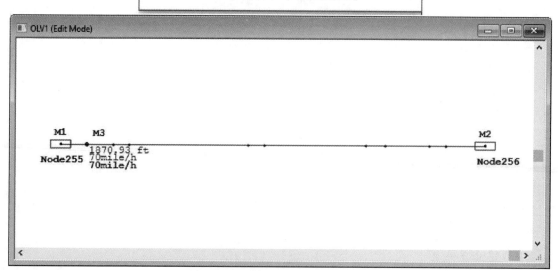

图 9-18　创建单线图

10. 配置铁路轨道仓库

（1）选择 GIS 中的所有元素，然后在"GIS Data Manager"（GIS 数据管理器）中，选择"Eq. Type"中的"Track Segment"（轨道段），如图 9-19 所示。

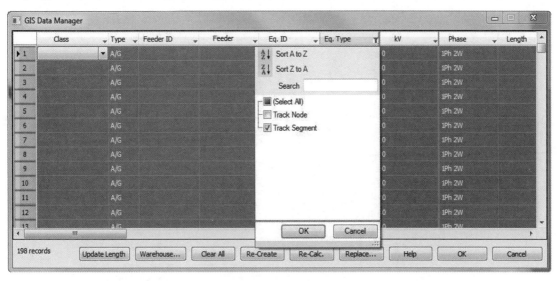

图 9-19　GIS 数据管理器

（2）点击"Warehouse…"（仓库）按钮，选择轨道仓库 ID，点击"Close and Updata"（关闭和更新），如图 9-20 所示。

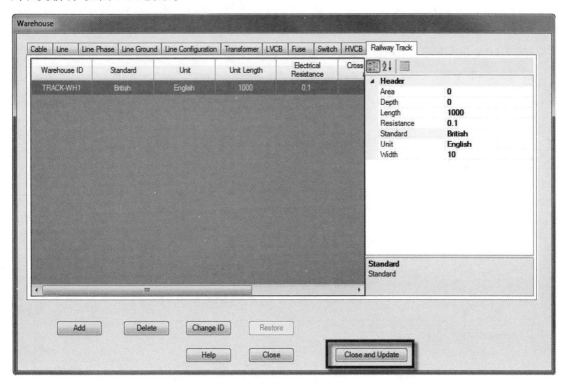

图 9-20　设置轨道仓库

11. 配置 Z 线仓库

使用"Ctrl+F"选择配电网视图中所有元素，右键选择配置 Z 线仓库，仓库 ID 为"LINEZ-WH0"，如图 9-21 所示。

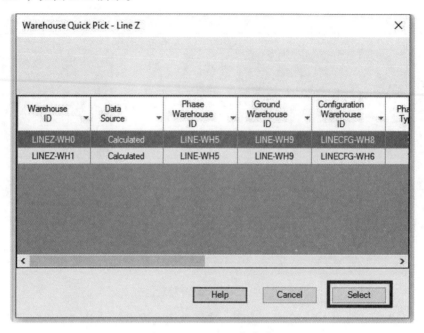

图 9-21　配置 Z 线仓库

12. 在 OLV 上创建变电站

打开 OLV 的编辑模式窗口，创建变电站，如图 9-22 所示。

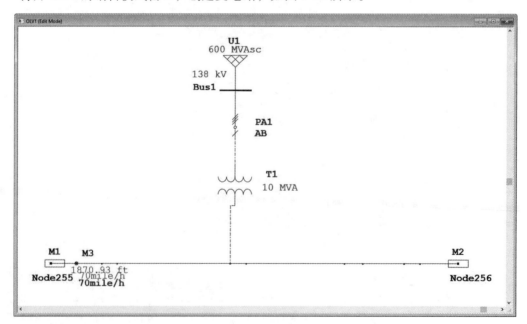

图 9-22　创建变电站

（1）设置电网。电网编辑器的设置界面如图 9-23 所示。

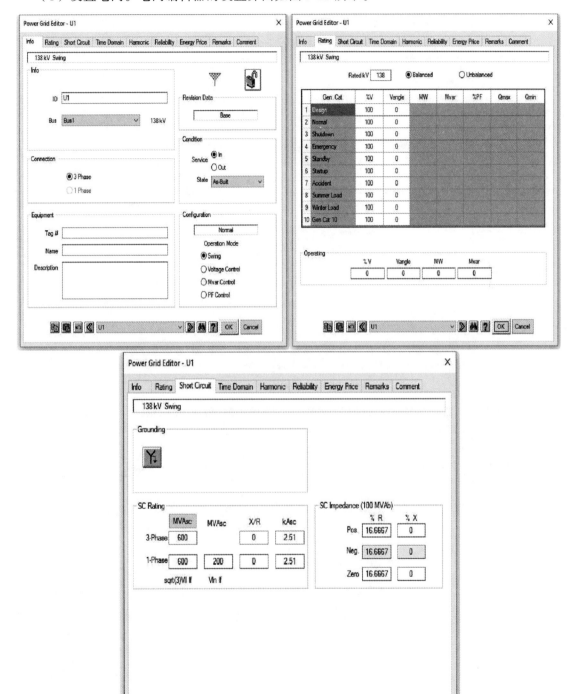

图 9-23　电网编辑器

（2）设置相位适配器。相位适配器编辑器的设置界面如图 9-24 所示。

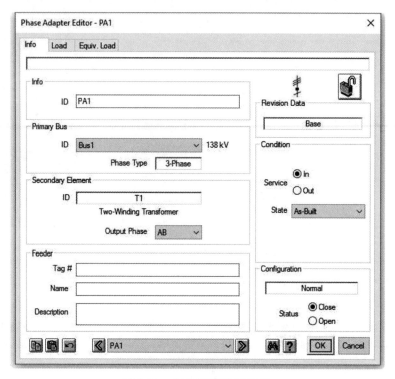

图 9-24　相位适配器编辑器

（3）设置变压器。变压器编辑器的设置界面如图 9-25 和 9-26 所示。

图 9-25　变压器编辑器（1）

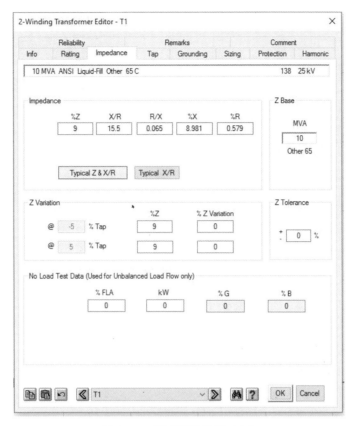

图 9-26　变压器编辑器（2）

13．创建列车时刻表

（1）打开 eTraX 编辑器，新建列车时刻表。

在"eTraX Editor"的"Train Schedule"模块下，选择"New"，新建列车时刻表，如图 9-27 所示。创建新的时刻表"Example1"，如图 9-28 所示。

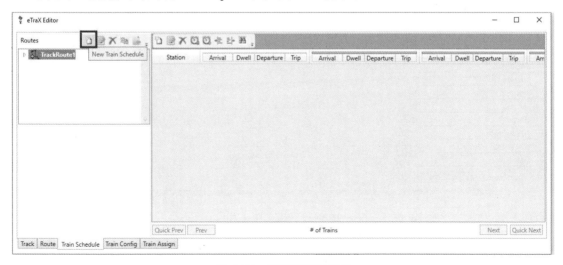

图 9-27　新建列车时刻表

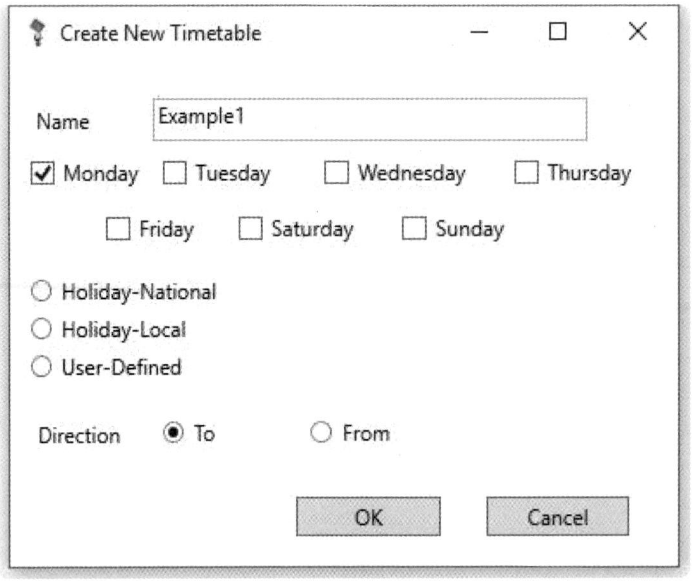

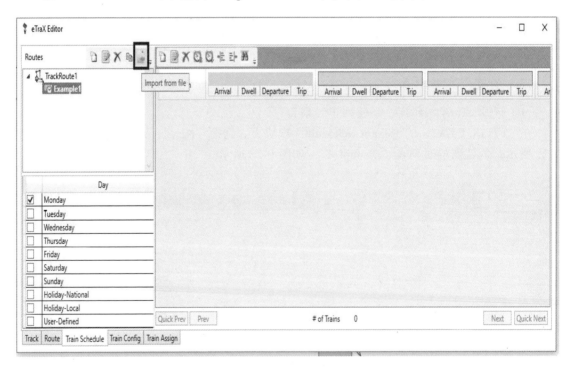

图 9-28　创建新的时刻表

（2）从文件导入-"timetable.xls"。

在"eTraX Editor"中，点击"Import from file"，如图 9-29 所示。

图 9-29　从文件导入

（3）站点映射。

站点映射编辑器如图 9-30 所示。

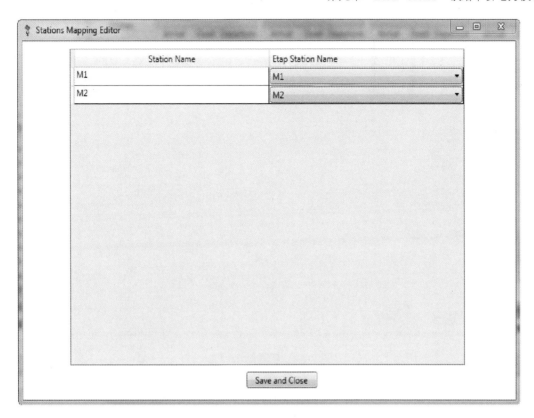

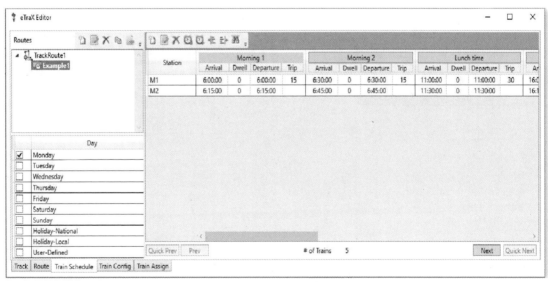

图 9-30　站点映射编辑器

14. 创建列车配置

（1）新建列车配置。

在"eTraX Editor"的"Train Config"（列车配置模块）下，选择"New"，新建列车配置，如图 9-31 所示。

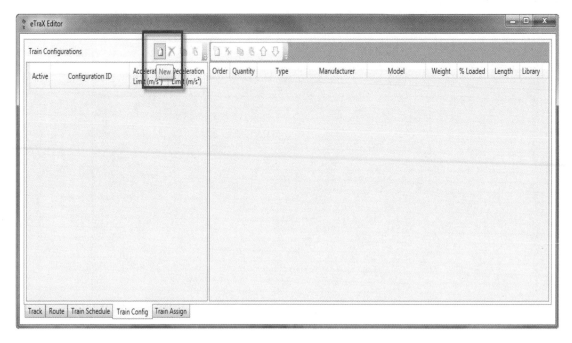

图 9-31　新建列车配置

（2）新建成员。

在"eTraX Editor"中，点击"New Member"，新建成员，如图 9-32 所示。

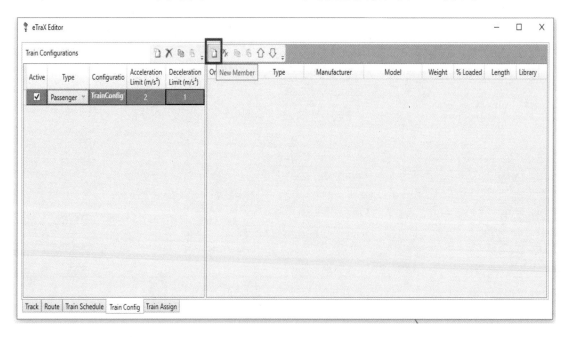

图 9-32　新建成员

（3）库-库快速提取。

在"eTraX Editor"中，点击"Library"，列车车辆的库快速提取如图 9-33 所示。

第九章 ETAP eTraX™铁路牵引电力模块

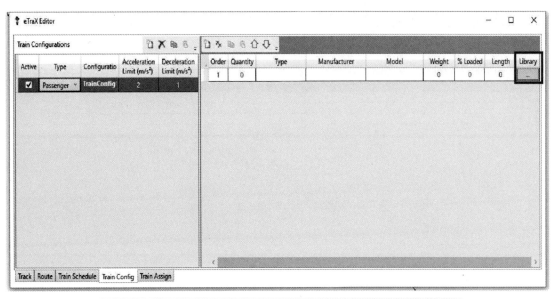

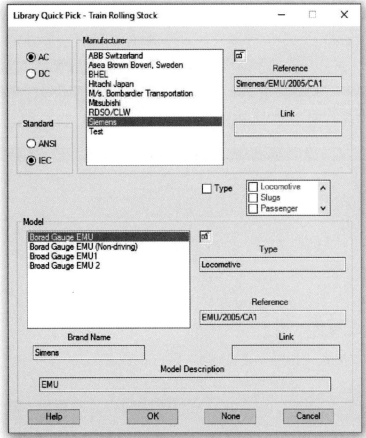

图 9-33　列车车辆的库快速提取

15. 列车分配

（1）点击"eTraX Editor"的"Train Assign"（列车分配模块），如图 9-34 所示。

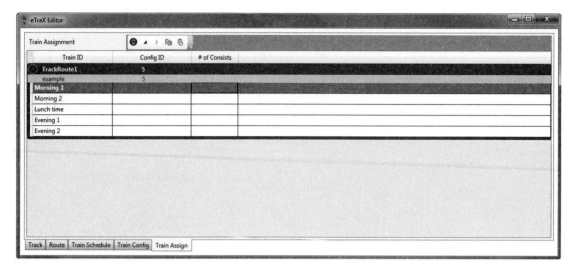

图 9-34　列车分配

（2）为每趟列车选择配置，如图 9-35 所示。

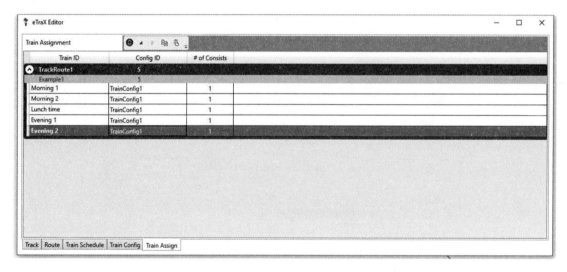

图 9-35　列车选择配置

16. 牵引学习案例

在牵引学习案例中，时间表的设置如图 9-36 所示。

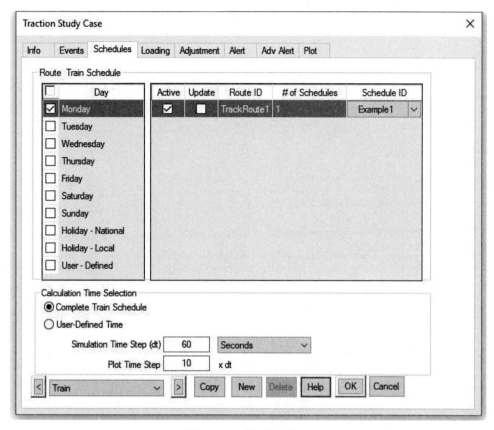

图 9-36　时间表的设置

17.　中断不必要的轨道段

（1）在 GIS 视图中，选择不在"轨道线路 1"中的轨道段，如图 9-37 所示。

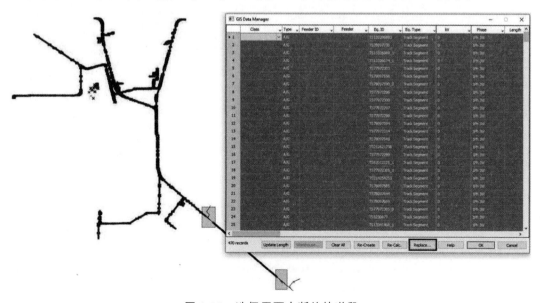

图 9-37　选择需要中断的轨道段

элект力系统与轨道交通 ETAP 仿真技术及实践

转到"GIS Data Manager"（GIS 数据管理器），如图 9-38 所示，点击"Replace"（替换）。

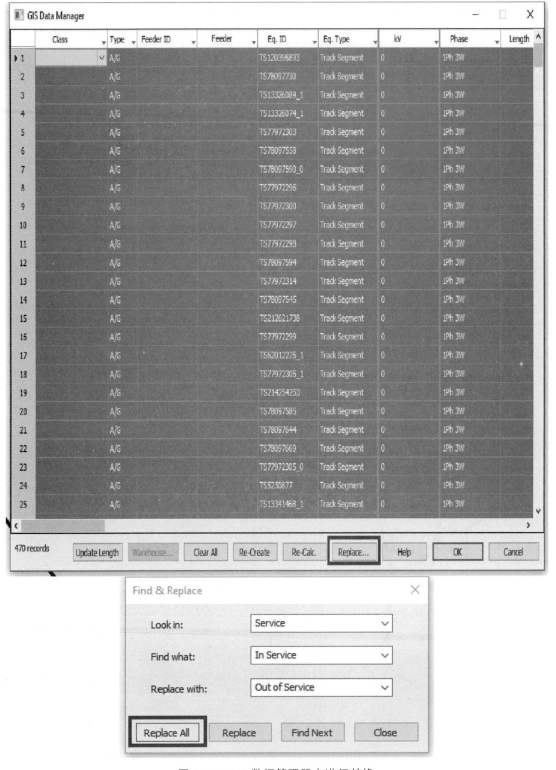

图 9-38　GIS 数据管理器中进行替换

（2）注意当服务中断时轨道段变黑，如图 9-39 所示。

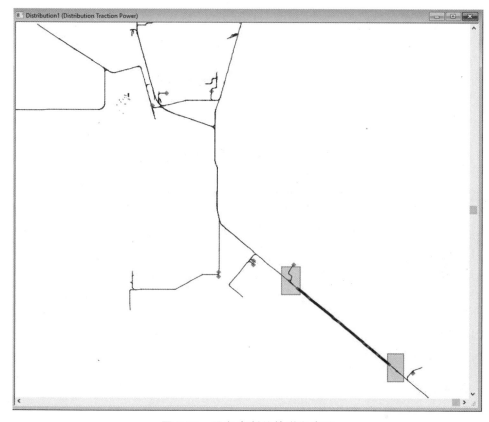

图 9-39　服务中断的轨道段变黑

18. 运行 eTraX

运行 eTraX，可以看到时间滑块（Traction Power Time Slider），如图 9-40 所示。

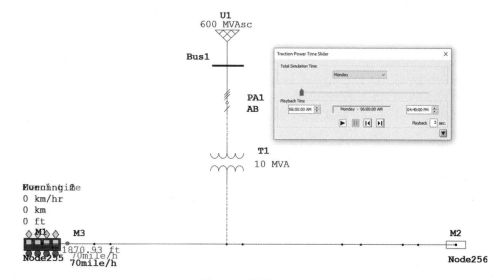

图 9-40　运行 eTraX

第十章　仿真实验

实验一　电力系统基础建模

1．仿真目的

（1）熟悉 ETAP 软件界面的功能；

（2）学习构建电力系统单线图的方法；

（3）针对 ETAP 功能所需参数，学习 ETAP 电力设备参数录入。

2．仿真内容

（1）构建单线图；

（2）录入设备参数。

3．仿真设置

（1）创建一个新的工程。

新创建一个工程，工程命名为"网络建模"。

（2）在单线图上添加元件。

在单线图上添加下列元件：等效电网、变压器、母线、电缆、等效负荷、静态负荷、电动机、电抗器、断路器等。新建的系统单线图如图 10-1 所示。

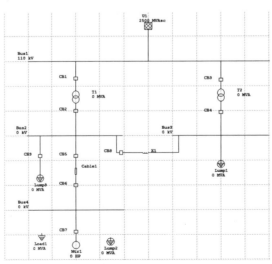

图 10-1　系统单线图

（3）录入元件的参数。

双击单线图的元件图标，打开元件编辑器，即可录入元件的相关参数。

① 等效电网 U1 参数：额定电压 = 110 kV，三相短路容量 = 2 500 MV·A，单相短路容量 = 2 000 MV·A，X/R = 30。

② 变压器 T1、T2 的参数如表 10-1 所示。

表 10-1　变压器元件参数表

变压器名称	额定电压（kV）	额定容量（MV·A）	分接头 Tap	接地	%Z	X/R
T1	110/10.5	30	0/0	Y_N/Δ	10.5	取典型值
T2	110/10.5	30	0/0	Y_N/Δ	10.5	取典型值

③ 等效负荷 Lump1 ~ Lump3 的参数如表 10-2 所示。

表 10-2　等效负荷元件参数表

等效负荷名称	额定容量（MV·A）	%PF	负荷类型	
			Design	Normal
Lump1	18	95	100%	90%
Lump2	4	90	100%	100%
Lump3	26	95	100%	100%

④ 静态负荷 Load 1 的参数：额定容量 = 8 MV·A；功率因数（PF）= 85%，负荷类型-Design = 100%，负荷类型-Normal = 80%。

⑤ 电动机 Mtr1 的参数：额定功率 = 2 000 kW、额定电压 = 10 kV，负荷类型-Design = 100%，负荷类型-Normal = 90%。

⑥ 在 Bus3 上添加 Gen1 的参数：发电机 Gen1 连接到系统中，控制方式为无功控制；额定有功功率 = 25 MW；额定电压 = 10.5 kV；功率因数 = 80%；发电类型 = Design，有功功率 = 25 MW，无功功率 = 15.5 Mvar，Qmax = 18.75 Mvar，Qmin = − 8 Mvar。

⑦ 电缆 Cable1 的参数：长度 = 200 m，电压 11 kV，1/C，Mag，型号 BS6622 XLPE，选定标称面积 = 50 mm^2。

⑧ 电抗器 X1 的参数：额定电压 = 10 kV、额定电流 = 3000 A、UR（%）= 10、X/R = 34（取典型值）。输入阻抗有名值：正序阻抗 = 0.192 4 Ω，零序阻抗 = 0.192 4 Ω。

⑨ 母线标称电压：系统标称电压。

⑩ 断路器额定电压取 ETAP 设备数据库的相关断路器的额定电压，断路器母联开关处于打开位置，其他断路器闭合位置。

4. 仿真练习

（1）保存建模工程；

（2）尝试另外建立一个稍微复杂的单线图。

实验二 潮流分析

1. 仿真目的

（1）掌握 ETAP 软件网络潮流计算；

（2）掌握潮流计算数据，查看潮流报告。

2. 仿真内容

网络潮流计算。

3. 仿真设置

（1）打开建立的工程文件。

打开本章实验一中已建立的工程文件"网络建模"，点击"模块"工具栏的"潮流分析"按钮切换到潮流分析模式，并在"潮流分析案例"工具栏上，通过"分析案例"下拉菜单选择想要编辑的分析案例名称，如"LF"。

（2）设置"潮流分析案例"编辑器。

在"潮流分析案例"工具栏上，点击"编辑分析案例"按钮，打开"潮流分析案例"编辑器，设置"LF"潮流分析案例编辑器的属性页。

① 信息页：选定"更新"—"运行负荷＆电压"复选框；选定"方法"—"应用变压器相移"。

② 负荷页：将负荷种类、发电种类均设置为"Design"；负荷调整系数选择"无"复选框。

③ 调整页：取默认设置值。

④ 报警页：取默认设置值。

（3）潮流分析案例"LF"。

点击"潮流"工具栏中的"启动潮流计算"按钮，选取输出报告名称"LF_Report"。

4. 仿真练习

（1）保存运行潮流后的工程文件，分析计算报警问题；

（2）尝试改变报警页的临界、边界设置，再次运行潮流后，查看报警视图并分析计算报警问题。

实验三　变压器 LTC 应用和容量估计以及电缆尺寸选择

1. 仿真目的

（1）掌握 ETAP 潮流计算变压器的 LTC 分接头应用原理；
（2）掌握变压器容量估计模块所需要的电气量意义；
（3）掌握电缆尺寸选择方法。

2. 仿真内容

（1）更新变压器 LTC 分接头位置；
（2）变压器容量估计；
（3）电缆尺寸优化。

3. 仿真设置

1）变压器 LTC 应用

（1）投入双绕组变压器 T1 高压侧的 LTC。

打开本章实验二的工程文件"网络建模"，双击双绕组变压器 T1，打开 T1 编辑器，在"分接头"属性页中选定一次侧 LTC 的 AVR；单击"LTC"按钮，出现"负荷分接头调节器"编辑器，在计算过程中自动调节分接头，使得母线 Bus2 的电压达到 100% 母线标称电压；打开分析案例的"信息"属性页，勾选更新"变压器 LTC"。

（2）运行潮流分析案例。

对比本章实验二的潮流计算输出报告，分析计算报警问题。

2）变压器容量估计

（1）查看变压器报警情况。

若潮流计算结果显示变压器的容量不够，则需要重新选择容量。在本实验中，潮流计算结果显示变压器 T1 容量不够，将重新选择。

（2）设置变压器属性。

打开变压器编辑器的"容量"属性页，指定负荷增长因子为 110%，海拔高度为 500 m，环境温度为 30 ℃。单击"连接"按钮，选择"较大容量"的数值，单击"确定"按钮。在本实验中，变压器 T1 将重新选择 50 MV·A 变压器。

（3）运行潮流分析案。

重新运行潮流分析，查看报警视图，看变压器报警是否消除。

3）电缆尺寸选择

（1）查看电缆报警情况。

勾选潮流计算分析案例中"更新"栏下的"电缆负荷电流"，在本实验中，潮流计算结果显示电缆 Cable1 过载，说明电缆运行电流值大于电缆载流量的校正值。进入电缆 Cable1 的编辑器—"容量"属性页，安装类型是"架空电缆桥架"，应用于中压电动机"Medium Voltage Motors"；运行温度 Ta = 35 ℃, Tc = 90 ℃；桥架：NEC，顶部覆盖；载流量基准值是 296.4 A，整定值（校正值）是 190.9 A。而电缆运行电流值是 209I，需要重新选择电缆尺寸。

（2）设置电缆属性。

在电缆编辑器的"负荷"属性页—"用于容量估计的负荷电流"框中，选中"用户自定义"复选框，指定电缆负载电流为 2054 A。然后在"选型-相"属性页—"结果"框中，点击"选择"按钮，选择 500 mm^2 电缆，点击"确定"按钮，查看计算电缆尺寸的结果。

（3）运行潮流分析案例。

重新运行潮流分析，查看报警视图，看电缆报警是否消除？

4. 仿真练习

若负荷全部增大 1 倍，对运行潮流计算出现报警的设备该如何处理？

实验四　不同负荷类型与发电类型用于潮流计算

1. 仿真目的

（1）掌握 ETAP 不同配置状态设置的原理；

（2）掌握在不同配置状态下，潮流计算操作方法。

2. 仿真内容

（1）设置"夏季最大""夏季最小"两种配置状态；

（2）在"夏季最大""夏季最小"两种配置下进行潮流计算。

3. 仿真设置

1）新建配置

打开本章实验三的工程文件"网络建模"，点击"三维数据库"工具栏上的"配置管理器"按钮，打开"配置管理器"；点击"新建"按钮，新建两个配置，取名为"夏季最大""夏季最小"，分别对应于"夏季最大"与"夏季最小"运行方式。

2）编辑"夏季最小"系统配置

在"配置状态"下拉列表中选择"夏季最小"，编辑"夏季最小"系统配置：打开"CB9"元件编辑器，在"信息"页—"配置"栏—"状态"项上选中"打开"复选框；打开"Mtr1"元件编辑器，在"信息"页—"配置"栏—"状态"下拉列表中选择"后备"复选框。

3）编辑"夏季最大"系统配置

在本实验中"夏季最大"系统配置不作更改。

4）新建潮流分析案例

新建"夏季最大潮流"和"夏季最小潮流"潮流分析案例，分别对应于"夏季最大""夏季最小"运行方式。

在"潮流分析案例"编辑器的"负荷"属性页，分别设定"夏季最大潮流"和"夏季最小潮流"的负荷类型、发电类型。夏季最大潮流：负荷分类 Design、发电分类 Design；夏季最小潮流：负荷分类 Normal、发电分类 Normal。

5）对"夏季最大"运行方式进行潮流分析

在"系统配置"下拉列表中，选择"夏季最大"系统配置状态；在"潮流分析案例"下拉列表中，选择"夏季最大潮流"；在"输出报告"下拉列表中，选择"夏季最大潮流报告"；单击"潮流分析"工具栏中的"运行潮流"按钮。ETAP 软件输出报告的默认格式是水晶报告格式，输出报告还可以很方便地转换成 PDF 格式，查看潮流分析输出报告。

4. 仿真练习

仿真"夏季最小"运行方式下的潮流计算，并生成 PDF 报告。

实验五　IEC60909 三相对称短路计算分析

1. 仿真目的

（1）掌握基于 IEC60909 标准 Duty（三相对称短路）短路计算；
（2）掌握短路计算结果的切换显示。

2. 仿真内容

（1）运算 IEC60909 短路计算，查看短路电流参数以及贡献电流的反馈状况；
（2）查看短路计算结果报告，了解报告显示内容。

3. 仿真设置

1）打开建立的工程文件

打开本章实验三中已建立的工程文件"网络建模"，点击"模块"工具栏中的"短路分析"按钮，切换到短路计算模块。此时，右侧的工具栏转换为"短路分析工具栏"。

2）设置同步发电机属性

在本实验中，由于同步发电机 Gen1 的直轴次暂态电抗 Xd″ 和直轴电抗 Xd 为零，不能做短路计算。在单线图上双击 Gen1，打开 Gen1 编辑器"阻抗/模型"属性页，选中"动态模型"框中"次暂态"复选框，再点击"典型数据"按钮，即可做短路计算了。

3）设置故障位置

在本实验中，设定故障位置为 Bus2，单击母线 Bus2，选择母线 Bus2；单击鼠标右键，弹出快捷菜单，选择"故障"。

4）编辑短路分析案例

在"分析案例"工具栏中，点击"编辑分析案例"按钮，打开"短路分析案例"编辑器，在此可以更改短路分析的参数与设置。在本实验中，对默认的参数不作更改。

5）运行三相对称短路分析

点击右侧分析工具栏的"启动三相短路电流计算（IEC60909）⇉ "按钮，执行三相短路计算。

6）查看短路计算结果报告

点击右侧分析工具栏的"显示选项按钮"，打开"显示选项—短路编辑器"，在"结果"—"三相故障"框中，选择"对称初始值"或者"峰值"，可以实现参数显示切换。

4. 仿真练习

（1）选择全部母线故障，运行三相短路电流计算（IEC60909）；
（2）生成短路计算结果报告，查看并分析各故障母线上的电流大小以及各支路的短路贡献电流。

实验六　断路器开关能力和电缆的短路校验应用

1. 仿真目的

掌握基于 IEC60909 标准短路计算校验断路器开关动稳定、电缆热稳定。

2. 仿真内容

（1）设置断路器设备容量，使断路器满足短路计算校验；
（2）设置三相短路电流大小、最大故障时间，计算电缆热稳定。

3. 仿真设置

在本章实验五对称三相短路计算分析的基础上，进行断路器开关能力和电缆的短路校验。

1）断路器的选择

① 设置断路器 CB2 的参数：在单线图上双击 CB2，在 CB2 的编辑器额定值属性页，点击"设备库"按钮，选择 Siemens 12-3AF-63，在"交流开断"下拉列表中选择交流开断为 50 kA。

② 运行三相短路计算：仍设定 Bus2 三相短路，运行三相短路计算（Duty）；单击右侧"短路"工具栏中的"报警视窗"按钮，打开"短路分析报警视窗"，可以看到详细的报警信息，在本实验中 CB2 有报警。

③ 重新选择断路器 CB2 的参数：在 CB2 的编辑器额定值属性页，将开断电流设为 63kA，额定动稳定电流设为 160 kA。

④ 重新启动三相短路电流计算：再点击右侧"短路"工具栏中的"启动三相短路电流计算（IEC60909）"按钮，重新执行三相短路分析，运行后则 CB2 的报警消失。

2）电缆热稳定校验

① 设置电缆参数。

在电缆 cable1 的编辑器"选型-相"属性页 – "约束条件"对话框，选定"短路"。在电缆编辑器—"保护"属性页—"短路电流"对话框"用户定义"下填写：最大短路电流 = 27.24 kA，"保护设备"对话框，时间 = 0.6 s。短路前电缆的工作温度 Tc = 90 ℃，可以在电缆编辑器的"容量"属性页修改此值。

② 选定优化尺寸。

ETAP 软件自动给出：电缆优化尺寸 = 500 mm^2，最小尺寸 = 400 mm^2，选定优化尺寸。在电缆 cable1 的编辑器"选型-相"属性页，选择"结果"框中的"选择"按钮，更新优化后的电缆，优化电缆以满足热稳定校验。

4. 仿真练习

设置 CB5 与 CB2 相同的额定值，再做短路计算，查看报警，如出现报警，怎样处理？

实验七　IEC60909 不对称短路计算分析

1. 仿真目的

掌握基于 IEC60909 标准计算不对称短路计算电流。

2. 仿真内容

（1）设置电源发电机阻抗模型、短路分析案例内容、故障母线，运行 IEC60909 不同故障类型的短路计算；

（2）分析不同故障类型下短路计算的短路电流对工程的影响。

3. 仿真设置

（1）打开建立的工程文件。

打开本章实验五中已建立的工程文件"网络建模"，点击"模块"工具栏中的"短路分析"按钮，切换到短路计算模块。此时，右侧的工具栏转换为"短路分析工具栏"。

（2）设置故障位置。

采用与本章实验五相同的方法，设置母线 Bus2 故障。

（3）运行不对称短路分析。

点击短路分析工具条的"IEC909" 按钮，进行不对称短路计算。点击"显示选项"按钮，打开显示选项编辑器，可以在单线图上显示不同类型短路（L-G、L-L、L-L-G）的序分量、相分量以及 A 相电压和零序电流。

（4）查看短路计算结果报告。

点击"报告管理器"按钮，打开"IEC Unbalanced SC 报告管理器"，短路分析报告根据 IEC60909 标准给出全面的信息。

4. 仿真练习

设置工程中所有母线为故障母线，设置显示不同故障类型下的电流参数，并生成 PDF 报告。

参考文献

[1] 朱慧. 电力系统 ETAP 软件仿真技术与实验[M]. 西安电子科技大学出版社，2015.

[2] 左丽霞，邸荣光，韦宝泉，丁青锋. 项目驱动学习法在"电力系统分析"课程的应用[J].电脑技术与知识，2018,14（25）：170-171，177.

[3] 徐华娟，王莉，秦海鸿. ETAP 软件在电力系统教学中的应用[J].教育教学论坛,2015(26)：128-129.